曹氏宣纸

中國宣紙源於曹氏

安徽曹氏宣纸有限公司（安徽省泾县紫金楼宣纸厂）位于宣纸的发源地—风景秀丽的皖南山区宣城市泾县小岭，是国家原产地域保护单位，安徽省旅游商品定点生产企业，安徽省先进私营企业，安徽省老字号，古法宣纸研发基地。生产的曹氏牌宣纸为中国十大名纸，安徽省著名商标。

▲ 曹氏宣纸　启 功题

▲ 宣纸世家　启 功题

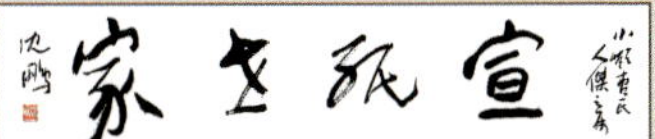

▲ 宣纸世家　沈 鹏题

▲ 宣纸世家　韩美林题

▲ 宣纸世家　张 仃题

▲ 金鱼　吴作人

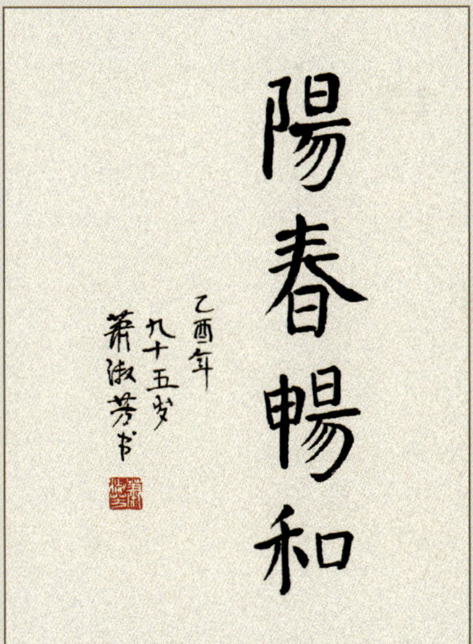

▲ 阳春畅和　萧淑芳

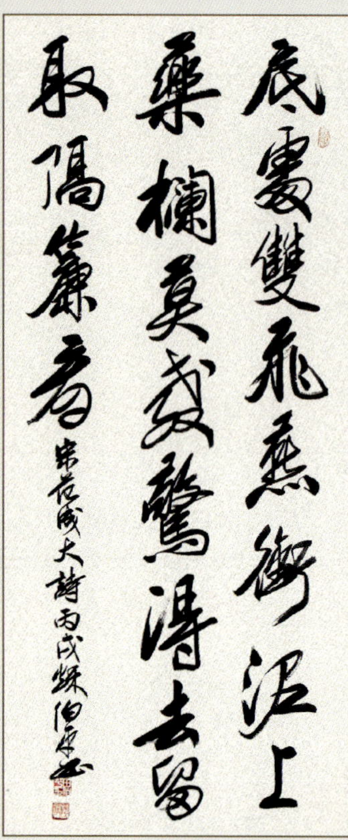

▲范成大诗　北京/田伯平

▲山水画　邓世华

▲汤泉赋　文怀沙

◀ 春风 董辰生

▶ 花自芳菲 安徽/戴云山写意

▲ 绿水青山 刘先银

▼ 云想衣裳花想容 安徽/刘伟

▲ 桃溪清音 安徽合肥/童乃寿

▲ 松谷清韵 安徽泾县/陈家刚

▼ 吟菊　胡絜青

吟菊

墨池為友拜菊師
卅載韶華描影遲
百态千姿摩不盡
留取观賞好賦詩

九十二歲絜青

▼ 苏东坡偈颂　赵朴初

稽首天中天
毫光遍大千
八風吹不動
端坐紫金蓮

趙樸初和南敬書

▲ 山川蕴万物　刘先银

近者悦远者来

岁次癸巳夏
劉先银

▲ 近者悦远者来　刘先银

宣纸制造

安徽农业大学
潘祖耀 著

中国林业出版社

宣纸制造

潘祖耀著

图书在版编目(CIP)数据

宣纸制造/潘祖耀著;
—北京:中国林业出版社,2007.3
ISBN 978-7-5038-4727-1
Ⅰ. 宣…　Ⅱ. 潘…
Ⅲ. 宣纸-纸加工
Ⅳ. TS766

中国版本图书馆 CIP 数据核字(2007)第 001265 号

出版发行　中国林业出版社
地　　址　北京西城区刘海胡同 7 号
责任编辑　刘先银
咨询电话　010－83143525
经　　销　各地新华书店
制　　作　北京大汉方圆图文设计制作中心
印　　刷　北京中科印刷有限公司
版　　次　2007 年 3 月第 1 版
印　　次　2018 年 5 月第 2 次
开　　本　710mm×1000mm　1/16
字　　数　120 千字
印　　张　3
彩　　插　6 页
印　　数　2001～4000 册
定　　价　20.00 元

序　一
FORWORD

宣纸是我国独有的传统手工艺纸，它以其独特的润墨、吸湿、柔韧与耐保存的性能，完美地表达中国书画精品的神韵、意境与艺术妙味，这种效果绝非其它纸种可取代。因而为书画名家与鉴赏家所珍爱与重视，也使国内造纸界引以为荣，并力求保持与改进提高的一个特殊纸种。

安徽省泾县是迄今生产宣纸最负盛名的地区。据近代一些研究表明，宣纸的特点与其所采用特殊纤维原料和制作工艺密切相关；泾县的地理环境，能够提供这类特种纤维原料，并便于使用传统生产工艺。这使泾县宣纸成为书画名家最信任的品牌，泾县也成为书画名家、鉴赏家及部分造纸专家进行参观访问与研究宣纸的地区。

作为一名老造纸工作者，我多年前即有幸观摩了泾县主要宣纸企业的生产全过程，又先后为刘仁庆教授所著《宣纸与书画》、曹天生博士所著《中国宣纸》（第二版）两本有关宣纸的专著作序，从而对宣纸的特点、发展史与生产现状以及有关宣纸技术的保密问题有所了解。对于有国之瑰宝之称的宣纸，其传统生产技术是否需要利用现代技术加以改进？对外技术保密是否要加强？在关心宣纸的人们中，存在不大相同的观点。

认为宣纸是中国手工艺纸的精品，生产技术独特，不能改动，而且这一传统技术对外必需严格保密，以保存国粹。持此类观点的，大多为非常珍爱宣纸，却不太懂造纸技术的人士。另一类比较熟悉造纸工艺与造纸技术发展史的专家则认为：目前除对所用纤维原料品种不宜随意变更外，对其生产周期过长（约 300 天），原料预处理（燎草、燎檀加工）过于依赖重体力劳动进行繁琐作业的方式以及生产过程对泉水难以避免的污染。这种落后技术，主要是在过去缺乏机械和化学手段的历史条件下形成的，现在完全可以在重视保持其浆料特性的前提下，充分研究利用现代制浆造纸工艺加以改进，通过改进，不仅保持宣纸特色是完全可能的，而且对提高经济效益、消减环境污染也是必要的。

安徽农业大学潘祖耀教授长期积极从事研究宣纸技术改进工作，并在安徽省有关领导部门的支持和泾县宣纸企业的配合下，对改进稻草浆生产工艺，已取得了可喜成果，这在《宣纸制造》一书中已有所表述。虽然所取得的成果还只是局部的，如能继续得到关心宣纸生产发展的有关部门和泾县宣纸生产厂的支持与合作，全面改造檀皮浆料的生产技术，并试用造纸机抄纸必能使宣纸生产面貌一新，并能有更为质优价廉的宣纸供应一般社会需要。为了满足部分精品书画专家对这一传统手工艺纸的特殊喜爱，抄纸方法似仍可保留适当手工抄制的宣纸，如能控制手抄纸产量较少而质量极高，将对保持手抄宣纸的较高身价，并增加对这种劳动强度大、手艺要求高的手工艺人的待遇，从而相对稳定这一特殊品种的适当持续生产有利。

关于现有宣纸生产技术的保密问题，曹天生博士在其《中国宣纸》一书中，曾提到潘教授的观点：他认为这套十分陈旧落后的宣纸生产方法，即使对外不保密，外国人也不会照你这一套去作，外国人要做的就是用现代科学技术来研究你的产品特点，用先进得多的方法来替代你、超过你，这是现代科学技术发展的规律。与其在落后技术的保密问题上争论，不如加快宣纸生产技术现代化的科技研究开发工作，使宣纸生产这门工艺技术，能永远保持这一独特纸种制造技术的世界先进水平，这才是有意义的和有效的保密。这种对待传统技术的科学态度与进行具体改进研究的实干精神，值得敬佩，此书亦值得为广大宣纸爱好者所关注。是为序。

2005 年 8 月 29 日于北京

序　二
FORWORD

安徽农业大学潘祖耀教授从事宣纸稻草浆新工艺研究近二十年之久，历经小试、中试和生产试验，并通过安徽省科委技术鉴定。稻草浆新工艺，模拟了传统制浆原理，原料经碱法蒸煮，洗选榨干，再进行氧漂，获得了与传统法相媲美的纸浆，抄造出的宣纸经专家试笔评议，与传统法宣纸并无差异，证明宣纸稻草制浆新工艺取得了成功，进而使传统法制浆需年余的时间，缩短到2～3天，简化了往复繁杂的生产工序，减轻了劳动强度，提高了劳动效率，降低了成本，为宣纸生产可持续发展开拓了新的道路，做出了贡献，并在些基础上，对宣纸生产工艺进行深入调研，撰写了《宣纸制造》一书，系统地全面论述了传统法宣纸生产与稻草制浆新工艺的原理。

潘教授在试验初期，为取得第一手资料，曾不辞辛劳深入泾县小岭宣纸厂，坚持了现场试验，炎夏酷暑，隆冬暑热，从未间断。

我有幸参与了当时省科委下达的“宣纸机械化”研究工作，在已故去的省科委张洪树副主任带领下，有机会赴现场目睹了试验场地及生活条件之艰苦，又参与了工程验收和鉴定工作，深感新工艺的成功必将对转变宣纸生产经济增长方式具有重要意义，且是我省自主创新的一项科学实践。因而对安徽农业大学同志这种契而不舍的科研精神表示钦佩之至，值此《宣纸制造》出版之际，谨表祝贺外，并为之跋。

原安徽省造纸公司经理、轻工厅高级工程师

張袁东　识

2006年元月

前　言
PREFACE

宣纸是我国文房四宝之一，对中国书画起到独特的润墨作用，在中国造纸史上占有特殊的地位。正如郭沫若给泾县宣纸厂留下的墨宝写道：“宣纸是中国劳动人民所发明的艺术创造，中国的书法和绘画离了它便无从表达艺术的妙味。”高度评价了其艺术价值和商品价值。宣纸的产地在安徽省皖南泾县，这是安徽的一大骄傲，作为传统产品，堪与北京的景泰蓝、贵州的茅台酒媲美。纸史研究证明，从东汉末年蔡伦发明造纸术至今，具有 1800 余年悠久历史的传统手工纸业，从晚清至今，几乎被淘汰殆尽，只有宣纸作为充分表达我国书画的一种专用纸而保留至今。

宣纸名称的由来，说法不一。有说是泾县原属古宣州因地而得名，有说是明朝德年间宣纸列为“素馨宫笺”因年号而得名，比较统一的观点是将宣纸分为“古宣”和“今宣”。所谓“古宣”是指在清代以前用楮树（即构树）为原料的皮纸，后来发展为皖南地区所盛产的徽纸，池纸。又以榆科的青檀树皮（*Pteroceltis tatarinowii* Maxim）代替构树皮，并配以精制的漂白稻草浆而生产出一种与众不同的纸，后人称谓正统宣纸，用这两种原料（稻草和青檀树皮）所制的纸，一直沿用至今，其主要产地则在泾县。产品以薄、轻、韧、细白独树一帜，令人爱不释手，且在中国书画视觉效果上能墨分五色（焦、浓、淡、枯、湿），墨浓不滞，墨淡不薄，扩散均匀，层次清晰，耐老化，返黄值纸，柔软耐久，易于保存，非其他纸所能代替，故以国宝盛名。据考证，如今泾县小岭等地还是这种正统宣纸的发源地，所造的纸曾于 1915 年在巴拿马万国博览会上获得过金奖。

到了清朝，我国手工纸业经过了由鼎盛到衰落的过程。大约在 17 世纪后期到 18 世纪前期，即所谓康乾盛世时代，社会生产力一度发展较快，文教事业取得较大进步，尤其是印刷业和古书出版业盛况空前，如《明史》、

《康熙字典》的出版，直至乾隆大修《四库全书》，都在很大程度上促进了手工纸的发展。鸦片战争失败后，由于清政府日趋腐朽，丧权辱国，致使洋纸接踵而来，迫使手工纸市场日渐衰落。同时，西方先进的机器造纸技术相继传入中国。在洋务运动影响下，我国也开始有了机器造纸工业，在这新旧交替的历史转折点，手工纸也就销声匿迹了，惟独宣纸却依然我行我素，在市场上仍占有一席之地。这是宣纸特殊的功能和工艺秘诀鲜为人知的缘故，因而，从清代到民国直至当今，正统宣纸生产的一套工艺技术作为纸工们的谋生手段，甚至以传男不传女的方式保留下来，成为手工劳动为主的一种行业。至今，还列为科技保密的一个项目加以管理，致使宣纸的工艺技术给弄得玄之又玄，给国人造成一种神秘感，乃至生产厂家均设有保镖，生怕外人进入。我国造纸史研究专家潘吉星早就指出："其实泾县纸制造技术并无任何神秘或特殊之处，早在明代成化十一年（1475）及万历廿五（1597）年分别由陆容和陆万垓透彻地记述，其原料配比也曾于明崇祯十年（1637）由宋应星所披露。"只不过，在以后市场经济推动下，对其工艺技术进行不断的改革和创新，宣纸才形成了一个独特的造纸体系，泾县才逐步发展为中国最大的宣纸手工造纸基地。尽管在这上下几百年时间内，宣纸生产技艺，在某些局部也有过不少改良，但从总体上看，却仍然没有跳出宋朝宋应星所著《天工开物》杀青篇内所介绍的竹纸制造中所谓"斩竹漂塘，煮料足火，日光漂晒，荡料入帘（捞纸），覆帘压纸，透火焙干"的框框。可想而知，始终囿于这种工艺条件下，宣纸的生产要想在规模上有个大的发展，技术上要有大的进步，行业经营上有更广阔的前景，几乎是不可能实现的。宣纸生产过程中，其工艺技术的改造，还是得力于国内外机器造纸业的扩张，先进制浆造纸技术的渗透，如光绪十九年（1893 年）泾县小岭曹庭柱曾奉命赴日本考察，见日本漂白和纸生产均用洋碱（纯碱或烧碱）蒸煮原料，采用漂白粉漂白。回国后经他的倡导，也都改变了过去用桐碱（油桐籽的灰，主要成分是 KOH）为蒸煮药物的方法，并开始用漂白粉（次氯酸钙）漂白，来提高稻草浆料的白度，这项变革一直沿用至今。

严格讲，宣纸事业的发展和工艺技术改革还是在新中国成立后，国家政府从政策上重视和发展了宣纸生产，吸收了机器制浆造纸业中许多有益的技术和设备，重视了宣纸工业的科技水平的研究与提高，改进了现有生产的工艺流程、管理和设备。例如，改石碓、水碓捣浆为石碾高浓磨浆；改手工布袋漂洗为转鼓洗漂；人工拣料改用筛选，净化设备，实行浆泵输送，蒸汽烘纸等，从而大大提高了宣纸生产的科技水平，改进了浆料的质量，提高了劳动生产率。这说明如今的宣纸业已不是抱着老祖宗一成不变的旧产业，而是正沿着改革之路，不断进取的新型产业。

特别是改革开放以来，特别重视宣纸业的改革和企业革新。例如，安徽省科委专门列出“宣纸燎草浆的工艺研究”、“宣纸机械化抄纸的研究”等重点研究课题，正在取得和正在付诸生产的攻关阶段，力图以先进科学技术来改造传统工艺，从而保证宣纸可持续发展成为可能。

宣纸制造原理是从宣纸生产的原料，传统工艺原理和现代宣纸生产工艺几方面来阐述的。希望以科学的发展观加深我们对宣纸的认识和理解，从而推动宣纸工业的发展，促进国家瑰宝宣纸能成为人们喜闻乐见的文化产品。

笔者是学习林产化学工业的，“制浆造纸”是其中一项门类，鉴于安徽宣纸生产又是利用青檀树皮为原料的特种纸，宣纸成了安徽唯一的林特产传统产品，其声誉已享誉国内外，其工艺虽然是传统工艺，但究其科技水平来说，相对于当今造纸行业的高科技高清洁制浆来说应当说还是十分落后的。有鉴于此，我省科委于1981年“七五”规划时期，就下达了宣纸制浆研究的项目，汇同皖南泾县小岭宣纸厂（宣纸发源地）协作开展此项课题的研究，从1981年起开始实验室工作，经过小试、中试直至工业化试验，都是在省科委、省计委组织领导下进行的，到1999年5月完成了工业性试验科研监定，工程验收工作，前后共计20年光景，我和同仁们，将实验室迁至生产第一线和宣纸工人们同吃、同住、同劳动向老师傅们学习了宣纸生产的许多知识和原理，在劳动中培养了我们的感情，增长了见识，也促进了我们对原始宣纸工艺的进一步认识，在有关科研部门的帮助下，才找到了研究的路子。如中国林业科学研究院林产化学工业研究所为我们提供了资料和信息，吉林轻工研究所为我们提供了小试的设备，提供了试验方法，辽宁营口造纸厂为我们支援了他中试试验的设备，上海造纸研究所为我提供了Naco法制浆的信息及工艺改进意见，书画家们的热心支持和评估，这些都促进了该课题得以进展成功。所以我们向他们表示诚挚地感谢。

现在年产500吨的制浆车间，已经建成，并试产了两个月的新工艺宣纸，得到了客户和书法界人士的一致欢迎和好评，但是由于资金的困缺，生产却一直处于停顿状态，原因很复杂，我们这些书生们实感到力不从心，无能为力，这就是我要写这本拙作的由衷。本书从古代传统法工艺讲到我们研究的新工艺，前后对比，公布于世，希望取得国内同行们的指点，以期今后即使是下一代们作为一个借鉴。目的是要把我国唯一的国宝宣纸无论在产品质量上还是科学技术上都能搞上去，走出一条创新的路子来。以科学的发展观来看待这个问题，是我们努力不够呢，还是什么其他的原因？鉴定会上，许多造纸专家和书画家们都认为该项目的研究成功是“国内首创技术领先”但又为什么至今未能传化为生产力呢？我们的国家领导，直到我们学习的党的十六大精神不是都强调“科技兴国”、“科技是第一生产力”吗？，我们曾向各级部门作过反映，但却杳无回音，写这本书的目的，是希望引起有关部门的重视，能使已经经过科研程序，鉴定验收过的，又是宣纸生产工人一致盼望的事，得到一个真诚的答案！如果这本书能起到这点作用，那也就不枉此一举了，一句话“为什么不能转化为生产力？”

讲到这里，可以坦率地说本书与读者见面，本人绝无沽名钓誉的奢望，我已是退休的人了（70岁了）要这些名利干什么呢？报纸上天天宣传，人老了，要淡薄名利，从自己的身体健康出发，不是很不值得吗？书是印出来了，丑媳妇见公婆，请诸位不吝口舌，不惜笔墨，多多指教，指点错误，也指点迷津！

最后，要说明的是，和我多年生活在一起的老伴李祥康同志为了支持我搞科研和试验，放弃寒暑假和日常休息时间，一人在生活上照顾老人和三个孩子，多年辛苦，终因积劳成疾，2001年仙逝。为了收集资料，整理素材，她也为此付出了许多个日日夜夜，所以拙作的问世，如果它对发展我国宣纸事业能起到一点参考作用的话，应该说有我的一半，也有她的一半！顺此也向：

提供协作的小岭宣纸厂的领导和全体职工致敬，向参与组织策划的原县宣纸局局长刘荣林同志、小岭厂厂长曹光华同志致谢！

向在试验研究过程中共同战斗的张鹏藻高级工程师、高慧副教授，以及曹腊生、曹阳明、曹小敏等同志致谢！

向给予热情指导的原安徽省造纸公司经理张震东、省轻工设计院曹解英高工表示诚挚的谢意！

原料篇中青檀林一节系安徽农业大学林学院吴诗华、陈秀华两位教授提供资料，特此致谢！

本书承泾县中国小岭宣纸厂协助提供制浆工艺资料和试验中人力上的支持，曹建勤、曹阳明提供曹氏宣纸供书画家试用，刘辉同志为本书出版热情予以赞助，特此深表谢意！

本书照片承姚家宁、曹腊生二同志摄制在此也一并致谢！

潘祖耀

安徽农业大学

2006 年 6 月

目　录
CONTENTS

传统工艺篇

现代工艺篇

原 料 篇

远在宋末之初年间，有泾县小岭曹氏祖先曹大三者避乱皖南南陵，虬川以后迁至泾县西乡小岭，发现该地盛产青檀树，并有洁净泉水，遂以青檀树皮为原料生产皮纸。后因皮纸产量猛增，以致檀皮砍伐无度，致使青檀山林面积变小，原料供应短缺，人们开始向其中加入稻草，以做辅料补充，檀皮多以2~3年生嫩树皮为适用原料，因其纤维细长，坚韧，粗细均一，纤维间孔隙多，因而吸水性强。后用稻草纤维掺和，因稻草纤维短，宽度均匀，形态好，可填入皮纤维交织的孔隙中，使之紧密结合，有利于增强纸页的紧度和挺度，纸质得到改善。故此两种宣纸原料一直沿用至今。20世纪50年代我国造纸专家在考察宣纸工艺后，认为宣纸原料一是青檀树树皮的韧皮纤维，这是一种长纤维，平均纤维长为2670微米，宽度平均11微米（μm），长宽比为245，工艺稻草纤维平均长度为976.5μm≈0.1mm，平均直径为9.1微米（μm），檀皮属于长纤维，稻草则是一种短纤维。前者好似人体骨骼，后者好比肌肤，二者相互交织，相得益彰才制成一种理想的薄片——宣纸。也只有用这两种独特原料制造的宣纸。才真正称之谓正统宣纸。

青檀古树

第一章 青檀树皮

一、青檀树的形态特征和生物学特征

青檀学名（*Pteroceltis tatarinowii* Maxim）在树木分类学中列为榆科青檀属的一种落叶乔木，树高可达20米，老树干凹凸不平，树皮淡无毛，呈薄片状剥落，小枝较细，无毛，单叶互生，皮薄卵形，长3～8厘米，基部三出脉，边缘有锐锯齿，侧脉上弯。花单性，雌雄同株，雄花簇生，雌花单生叶腋，小坚果周围有近圆形薄翅，花期4月，果熟期7～8月。

青檀在我国分布很广，北起北京，南至两广，安徽淮北、肖县皇藏峪，宿州大方山，江淮地区滁州琅琊山，金寨马鬃岭，霍山真龙池，皖南泾县、贵池、太平、宁国、绩溪、歙县等地均有散生或片状分布，垂直分布海拔在800米以下，低山丘陵的沟谷溪边或山麓，以石灰岩山地较为常见，花岗岩，页岩山地也有生长，过去认为青檀仅是石灰岩山地的特有树种，看来也不够全面。

青檀

由于宣纸事业的发展扩大，檀皮已成为工业资源，农村人工栽培的数量也日益增多，形成了小片人工林，在皖南鲜为少见。

青檀树喜肥沃湿润土壤，天然林多

分布在阴或半阴坡，以沟边河滩，坡脚处生长良好，青檀的根系发达，侧根可长达 10 米以上，且吸收面广，保水保土能力强，且根部萌蘖性强，上百年的老伐根或幼年伐根枝干均能萌发大量萌条可达几十根之多，其侧枝特别发达，生产上常取枝条来培育苗木，故青檀具有一次造林，多次萌发再生的特性，有利于青檀树皮的采集和开发。

二、青檀树的栽植技术和抚育措施

1. 壮苗培育

青檀果实一般于 8 月下旬开始成熟，当果实由青色变为淡黄色时，就要及时采收，由于青檀种子翅宽易飞散，故应在无风时采集，一般将采种布铺于树下地面，用长竹竿将种子打落，随即收集晒干贮藏，待次年春季播种，每斤种籽为 17000～19000 粒。

种籽处理常采用混沙埋藏和温水浸种两种方法：

（1）*混沙埋藏法*：在采种后的冬季，用含水量 30%，湿砂与种籽混拌均匀，在背风向阳坡地挖坑，坑深 60 厘米，宽 50 厘米，视种籽多少而定，将混沙种子放入坑内，堆到离坑口 10 厘米处为止，然后覆土，堆成高于地面 20～30 厘米的土堆，到第二年 4 月上旬将种籽取出，放在向阳处，用草帘盖好，每天翻动一次，干时适当喷水，待种籽裂咀时播种。

（2）*温水浸种法*：采种后用布袋干藏，挂于通风处，次年春季 3～4 月份播种前，先用 50～60℃ 温水浸泡种子，不时搅拌，让它自然冷却，大约浸泡一昼夜，捞出种子混入两倍于种子体积的湿砂（含水量 30%），堆放向阳处，进行催芽，待种子裂咀后播种。

2. 育苗

首先，要筑好苗床，整平床面土，保持疏松，土细，施以基肥（腐熟、厩肥或饼杂肥），灌足底水，然后进行条播（行距 20～25 厘米）或均匀撒播，每亩苗田地约播种子 2 斤左右（每斤种子约为 17000～19000 粒，覆土以不见种子为度，厚约 1.5～2.0 厘米，再用镇压板将苗床土稍稍压紧盖上稻草，厚约 5 厘米。播后适当喷透水 1 次，以后经常保持苗木湿润，播后约半个月左右即可出苗，待幼苗大部分出土，要及时揭草，平时注意加强拔草、松土、间苗、追肥等管理工作，到幼苗出现 5～6 片真叶时进行定苗，每亩留苗约为2000株左右，当苗高60~70厘米时，即可出苗造林。

3. 造林

（1）造林地的选择：经过勘察，石灰岩山地钙质土最适于青檀树的生长发育，皖南及皖南花岗岩山地山麓溪沟边，河岩滩地，砂质土壤地也适于青檀的生长。青檀较喜光，最好选择向阳坡地，土质疏松湿润，排水良好的地方，进行栽植造林，都能正常生长。

（2）造林技术措施：青檀幼苗主根发达，侧根较少，因此，起苗上山造林，必须随起随栽不宜长时间假植存放，栽前要先整地挖穴，起苗宜稍深些，少伤根系，多常宿土。造林时间宜在早春发芽前，青檀造林密度以每亩200~250棵为宜，株行距2米×1.5米，栽植后，要在穴底施适量有机肥（腐熟厩肥或堆肥），填土打紧，上面再盖上一层松土，并及时浇一次透水。栽苗深度要稍高于原土痕。

（3）栽植方法：可分苗木带干栽植和截干栽植两种：前者是将苗木侧枝切去留主干栽植，后者是采用二年生实生苗，在距根茎10厘米处截去主干，然后栽植。一般截干栽植造林成活率高，且单位时间，单位面积上所获得的枝条数量要高于不截干栽植，收获皮量也多，造林后要加强抚育。

① 平茬，栽后1~2年生幼林树干不直，苗条细弱，可于解冻后用锋利工具将地上部份全部砍掉，茬口要低平滑，第二年可萌发大量萌条。

② 疏条：平茬后或通过萌芽更新后，每个伐根上发生大量的萌条，当萌条长到30厘米以上时，根据伐根大小本着留优去劣的原则进行选苗，1~2代伐根每株保留2~3个萌条，多代伐根要适当多留，最多每株可留10个萌条。

③ 修枝：青檀树干性不强，如培育青檀乔林，促进主干生长，应及时修枝，由于青檀的愈合力较差，对较大的侧枝只能进行短截，控制其生长，使其变为辅养枝，修剪时不宜从基部剪去，对于侧枝一般不修除，在主干部位的侧枝修去时应保留1厘米的枝庄，以免愈后不好影响材质，修枝强度不宜过大。

4. 营林作业

（1）矮林作业：在造林后第二年冬季，青檀从离地面4~5厘米处截断，让它从根茎部的休眠芽或不定芽发育成萌芽条，以后每隔两年砍截一次，如此重覆，则用几十年，直至伐根丧失萌芽能力，该作业优点是：萌生枝条，较粗壮，枝皮质量好，缺点产量较低，枝条贴近地面易遭牲畜危害。

割条多在九月落叶后到翌年长叶前进行。

（2）头木作业：在造林后 3～4 年，待主干已长到一定高度，主侧枝分明时，将幼树离地面 1.2～1.5 米处截断主干，要用快刀一刀截断主干不能扭揉，否则翌年在断口处不易萌发枝条，如此每隔两年砍条一次，可连续利用 20～30 年，该作业法可一直至树木衰老时方可进行全林更新，比矮林作业出枝皮产量高。

（3）杯状作业：在造林后 2～3 年冬季，从树干离地面 1 米处用快刀截断，萌条后，保留向四周生长的 3～4 根健壮主枝，并控制其伸长方向和斜度，限制它上长高度，到第四年冬，再进第二次截干，从所留的主枝 0.5 米处截断，当年新发的枝条保留 2 根向左右生长的侧枝，并控制它的角度为 45 度左右，到第六年冬季进行第三次截干，并从所保留侧枝 0.3 米处截断，让它萌发新条，这样分次截干法形成 6～8 根分岔的树干，以后每隔 2 年在树头枝端上砍取枝条，采剥树皮，从而做到永续利用，可持续产皮，该作业优点主干可多头萌发，产量高，分枝面广，透风透气性好，有利于青檀树的生长发育。

三、青檀树皮的采集处理

青檀萌条采收时间：以秋季落叶后，春季发芽前为好，这时树木处于休眠状态，砍取枝条，树液很少外溢，伤口易愈合，不影响生长，故一般采取皮时间多在冬季农闲时进行。

青檀枝条砍取后，先要放入清水中，蒸煮放在木甑中进行，蒸煮一天后，第二天将取出的枝条放入溪流中浸泡一段时间，后像剥麻一样，从根部到枝端由粗到细一次撕剥离下，放在野外晾晒，待茎木干燥后将树皮集中成束扎成捆，出售给宣纸厂作为皮浆原料。

第二章　沙田稻草

皖南山区，多为黄山余脉，由溪水和山泉汇集而成的水系，水温较低，平均在15℃左右，水系所冲积两岸，多为冷水田，土质为砂质，酸性土壤，为黄山太平湖流域，乃是青弋江水系的源头。其流向一直穿过泾县境内，两岸稻田以种籼稻草为主，这种稻草杆高节少，为造纸理想原料，它的纤维属于短纤维，长度在1毫米左右宽度为0.1毫米，纤维细长坚韧，杂质少，木素含量低，当地人民选其为宣纸辅料，与檀皮为长纤维相互掺和，粗细配料，填补了由檀皮长纤维所构成的孔隙，使纸页纤维间紧紧密合增加了纸页强度，又增加了纸质柔软度，沙田稻草优于泥田稻草，在0.5~1.5毫米的长度范围内，沙田稻草所占比例高达94%，而泥田稻草只有86%。沙田稻草，茎杆短粗，除叶方便，纤维匀整，混入浆料中表皮细胞少成浆干净。且节省了大量皮料，生产成本降低（见表1），形成了具有一定特色的正统宣纸，此乃泾县地区劳动人民的一大创造，清代前宣纸多为皮纸，到清代中后期，才配以稻草浆，所以说“正统宣纸”也只是在清代中期才发展起来的，从而可见稻草浆料是宣纸生产中不可缺少原料来源。沙田稻草为单子叶禾本科作物。

表1　青檀皮与沙田稻草比较

原料	长度（毫米）			宽度（毫米）			厚度（毫米）			长宽比
	最大	最小	平均	最大	最小	平均	最大	最小	平均	
青檀皮	3.66	1.65	2.93	16.20	8.30	9.34	3.60	1.80	2.70	314
沙田稻草	1.97	0.40	0.93	10.30	6.80	7.80	5.40	1.80	2.79	118

每年春季插秧，秋季收割，每亩田可收稻草1000千克，占稻草总量60%，一年一季，目前价格由于厂方要求稻草进厂前需除叶穗，故价格比未处理的草要高，一般15元/1担。厂方收购后还要经过传统工艺的加工处理

而得到燎草和纸浆。

稻草浆纤维形态，青檀皮浆纤维形态以及宣纸中草皮纤维分布形态，参见图 2-1，图 2-2，图 2-3。

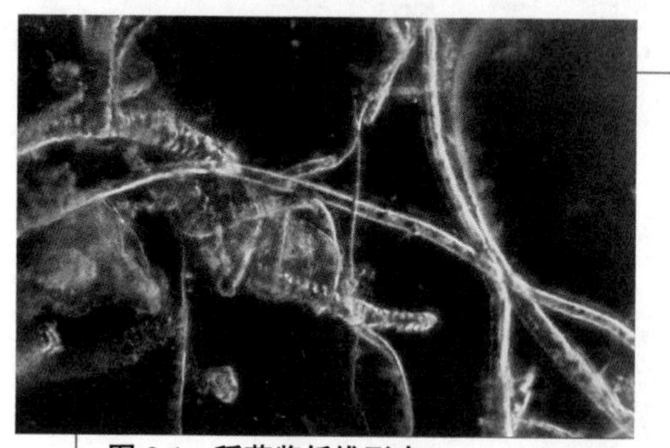

图 2-1 稻草浆纤维形态

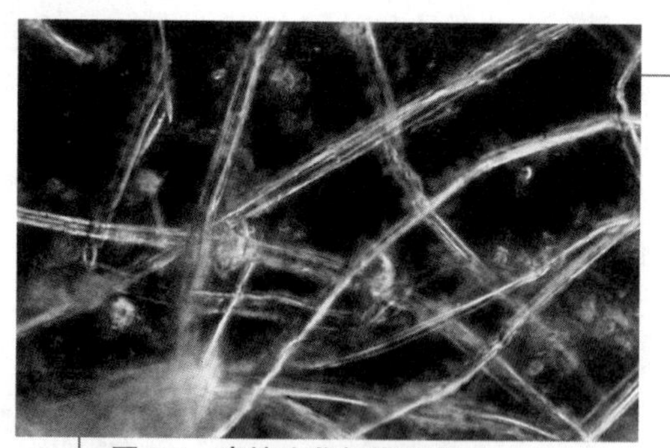

图 2-2 青檀皮浆纤维形态

图 2-3 宣纸中草皮纤维分布形态

传统工艺篇

我国纸史研究专家潘吉星在论述宣纸时指出："宣纸应当像桑皮纸、瑞香皮纸那样，与楮皮纸制造方法完全一样"。只不过到宋元之际约公元1255～1342年间，有南陵人曹大三者迁至泾县小岭山区后，发现盛产的类似楮、桑的青檀树，才改用青檀树皮。随着纸业发展，青檀树皮资源消耗量增，又发现应用法地沙田稻草亦可制成短纤维浆配入宣浆代替一部分檀皮浆抄纸，抄成的纸现代造纸学家称之谓"正统宣纸"直至清光绪十二年，这种泾县生产的青檀皮与稻草纤维的混料纸在巴拿马万国博览会上获得金质奖章后，才蜚声国内外，从清代末期，至今一直被誉为国之瑰宝。

至此，宣纸传统生产过程：潘吉星总结为以下18道工序：

(1) 每年春夏之际砍青檀枝条，去掉枝桠及叶子，剩下檀皮，再扎成小捆。

(2) 放入锅内用清水蒸煮四个时辰。

(3) 取出檀皮并进行棰打，扯成细丝，青纷纷脱落，务使其除去。

(4) 将皮料扎成捆在池塘中沤制半月左右。

(5) 再将皮料捆起，以石灰浸之，堆置一个月，使灰汁浸透皮料。

(6) 将浸有石灰浆的皮料成捆地放入锅中蒸煮。

(7) 煮后取出放河水中漂洗，边洗边用脚踩动以除去杂质。

(8) 将洗后的皮料摊放在河边或山坡上，任烈日暴晒或雨淋为时三至六个月，实行自然漂白随时翻动。

(9) 将漂后的料取回，水洗，仔细剔除白料上的有色物及其余杂物。

(10) 将物料以水碓反复捣细成泥，边捣边翻动使所有皮料捣匀。

(11) 捣后物料放布袋内，在河内漂洗，边洗边揉动。

(12) 洗净的白料放入纸槽中，注入山间泉水，搅匀，制成纸浆。

(13) 向纸浆中加入杨桃藤毛冬青等植物粘液，作为各纸药搅匀。

(14) 举起纸帘向纸糟中捞纸，根据纸的大小或二人或四人或更多人同时举帘操作。

(15) 湿纸捞出滤水后，在案板上层层叠在一起。

(16) 将叠在一起的湿纸用木制压榨器压榨去水静置过夜。

(17) 将压去水分的半干纸逐张揭下，用毛刷摊在火墙上烘干。

(18) 烘干后，从墙上取下纸，逐张堆齐，切平四边，盖印，打包，以百张为一刀。

历史的发展，机器造纸业的兴起，许多先进的制浆造纸设备也逐渐渗透到宣纸生产中来，比如纸浆筛选，除砂净化，槽式打浆机，浆泵输送浆料等。工艺设备的更新，已经改变了传统制浆的某些工序。目前的宣纸生产可以说已不是抱着老祖宗一成不变的旧产业，而是正沿着改革之路，不断进取的新型造纸行业。

所以本篇根据稻草和檀皮加工的现状，分别就当今传统法生产，草浆和皮浆的工艺过程用照片来加以说明并介绍。

第一章　燎草浆的制备

“正统宣纸”中草浆比重已占有很重要的地位，但并非为一般稻麦草造纸行业将稻草拿来就直接制浆，而需要经过多道工序精心制作，将稻草加工成燎草后，方可成浆，再进行抄纸。

稻草演变，燎草过程大致可分为四个阶段，24 道工序，方可制成，兹分述于下：

一、草胚阶段

1. 选草

操作简单，即将收割的稻草可在现场稻田内将农家常用的九齿钉钯朝上固定在长板凳上，工人坐上，用手抓住一把稻草的穗部，在齿口朝上的钉钯上人工反复拉扯，直到枯叶拉净为止，再用镰刀割穗部，并将割净的稻草捆成大小相等的草把，又称草葫，一只草葫约在 0.65 ~ 0.75 千克。

2. 上捆

即将草葫按一定的数量制成草捆，每捆为 12 层，每层 5 支草葫，共计 60 支草葫，这样，每捆草重量在 40 千克左右。

3. 浸草

浸草方法有两种：一曰浮浸二曰沉浸。浮浸即将每捆草放入深度为 70 厘米深作桶或稻田中，自然浸泡。

沉浸，即将每捆草有规划地在水沟中排好，上面铺上沙石，水流经草捆，实行浸泡，浸草季节一般在冬春两季，冬天浸泡时间为 60 天左右，春天约在 45 天左右，显然与水温有关，浸草后，水面呈现大量类似油脂的东西，浸水呈酱油色，稻草则为褐色，光泽即腊质消去，草捆在水中会自动沉降。

4. 捞草

浸好草后，泡到捆内草表面呈白色，捆外草带黄色，将每捆草解开，用挽钩和铁叉捞起，有规则地排列堆积在称之谓作桶（见照片）的两旁，堆放时间约为 2 ~ 3 天，以泸去草中的水分。

5. 浆草

即将稻草束浸入石灰乳中浸渍，为防止稻草草束扎结部位浆不到石灰乳，可将硬草堆在堆心，软草堆在边缘，草堆要堆紧，待草变了色（冬天呈黄色，夏天呈嫩黄色）就要翻堆，翻堆后再泼上些石灰水，以增加其热度维持发酵，待草的黄色减退，色泽呈较淡密褐色，如同除了油一样有光泽，同时见水后草自行脱灰，此时，可散堆，并水洗去灰渣。浆草操作过程须四人完成，两人负责浆挑草，并堆草堆，一人负责搅拌稻草，一人负责挑运石灰和水，即二人为浆草工，次者为浴草工，后者叫跟桶人，四人日工作量须将 45 捆草全部浆完并堆成草堆。

二、青草阶段

1. 抖草胚

将堆积在野外的草堆，扎成一个个草把，并除去其中杂质和部分灰分工人每天至少要抖 7 捆草，每个草把为 1. 25 千克，1 捆草约为 35 个草把。

2. 堆架

将抖好的草胚驮到皮锅头，锅头上设有三个作桶，和一个蒸煮锅。作桶容量约为 2 立方米，在作桶中开始投入 40 千克纯碱（Na_2CO_3）和 25 担水进行溶解，使之成为溶液将抖好草把一个个投入，再逐个捞起，按层次有规则堆积在作桶的木料上，一般一个作桶浸泡 16 捆草约 500 个草把，三个作桶为 1 个蒸煮锅的草料。堆架作用可使碱液与草粉充分混和。

3. 装锅

装锅由三人操作，一人用铁叉挑起草把一人传送一人在锅中按层次有规则顺序将草把排放，后在锅沿架上枕木，锅内为园形，在枕木上装料完后，用塑料薄膜铺设在草的表层，再压上木板，后在木板上压上土块。这样，装锅过程方告结束。

装锅量一锅为 1500 只草把。

4. 蒸煮

配比为 1:6，蒸者时间为 12 ~ 14 小时，蒸煮温度为 105℃左右，属于常压蒸煮。

5. 出锅

先将盖上面的木板和土层除去再用铁叉将草把一个个挑出放在蒸锅四周，让其冷却 24 小时，一般出锅时间约为 1 个小时。

6. 摊晒

经过碱蒸后的草把经人工用竹蓝挑往石滩，7 人一天完成运输量，次日，由 5 ~ 7 人在石滩上，将每个草把自上而下按纵横次序排列开来，经过 25 ~ 30 天的日晒雨淋，待草表面出现微白色时，再将滩上草把翻揭一遍，再经过 25 ~ 30 天日晒雨淋，草把内外均为微白色时，摊晒方告结束。

将经滩晒合格的草把，由人工集成草捆存入库房，此即青草。

三、燎草阶段

燎草的制作与青草制作过程相似，所不同的是：

1. 用碱量

每个作桶需加入纯碱 50 ~ 60 千克。

2. 周期长

青草到燎草需经两次人工扎草，两次人工滩晒，总共周期需 3 ~ 4 个月。

3. 燎草

青草经二次蒸煮经人工滩晒，白度开始明显提高，（50 ~ 55 度 SR），这时称为燎草，可人工运下山。燎草在滩上铺成草块，长度 60 ~ 75 厘米，宽度为 25 ~ 30 厘米，厚度为 1.5 ~ 2.5 厘米，重量每个燎草块为 2 ~ 2.5 千克。

4. 燎草制浆工序

（1）鞭干草：即将运下山的燎草经人工用竹条鞭打，以除去灰分和杂物，卷成 1.25 千克重草团，下水洗涤，然后榨去水分，通过人工用草筛剔去杂物和草黄筋，即可送往打浆工段。

（2）洗净，拣去杂质后的燎草，首先要进行打浆。

打浆方法有：一是用水碓，一是用石碾，水碓比较古老，且要利用有流水湍急的地方，难以找到合适地点，后改用电动石碓（即用电带动曲轴连动机构，将黄檀制木槌，改自上而下运动，冲击石臼，不时打击臼内草料，使之成浆，燎草碓成泥土状浆料，取出放入布袋中进行冲洗。改进后，采用石碾。在盘状台面上碾磨成浆，效率有很大提高，一般小厂现在都采用石碾。

碓磨成浆，是否达到一定打浆度，传统方法都由工人采取用水稀释浆料后，用肉眼观其纤维在水中漂浮。棵粒大小是否均匀情况而决定打浆程度，经测试一般要求为浆度38度左右。

见传统工艺草浆制备过程图：（1. 石碓　2. 石碾）

（3）漂洗：经石碓或石碾的草浆，需放在布袋中漂洗，布袋（长1.5米，宽70厘米）套住细竹竿，竹竿端部安一个木园盘，在水中漂洗时，竹竿在袋中往复上下运动，使浆料搅动，至灰分杂质，通过布袋孔眼洗泸干净，直至清水为止。洗浆一般在溪流中围堰坝蓄水，上游进水，翻坝顶而流往下游，将所洗废水排放，洗净浆料，留在布袋中，挤干水分（浆浓22%左右）挑至车间进行补漂。

（4）补漂：一般用漂白粉，有效氯浓1.5%～2%，漂率为5%的最佳，白度要求为72% SBD。漂白是在水缸中进行采取静止漂白，漂白浆料再经过布袋漂洗至清水后，送往车间，放入调浆机（或槽式打浆机，按纸质品种比例，分别加入已制浆的檀皮浆，调至混合均匀，经过锥形除砂器和旋翼筛，除去砂粒及杂质经过跳筛，送往捞纸车间，贮存于各纸槽的储浆池中。）

四、手工抄纸阶段

手工抄纸，主要在纸槽内进行，纸槽有石板制，也有木板制，其大小随纸而定，先在槽内加水适当投入纸药（过去多用弥猴桃浆汁浸泡，现已发明用PAM（聚丙稀酰氨）开始由几个工人用木棍竹竿，反覆在槽内划搅，直至十分均匀，才开始捞。曹天生同志所著《中国宣纸》一书中对手工捞纸已进行了一番调查和咨询，有如下描述：

1. 捞纸操作

“捞纸者于纸槽长方向之两端，各站一人，一人掌帘，一人抬帘。帘是人工专织的一种，能泸水，又可存纸的竹帘，开始捞纸时，先将全帘（竹帘平放在一种木制　帘架上）潜入水料中，使帘面呈水平状态，立即抬起，将帘上余水由帘隙中滤出，形成的纸料留在帘上，形成了一张。匀薄如一的漂白的湿宣纸一张，掌帘者将帘架放在槽架上，将纸帘用右手担起，左手拿帘之下端，将所捞形成的纸胎轻平地放在槽侧的湿纸板上，抬帘者，则协助停放帘架工作，拔动槽上设置的计数球进行计数，捞一张纸，则累加一粒，如此循环往复，直至槽内纸料捞罄为止，一般说来四尺单宣二人每天可捞 1000 张左右。

2. 捞纸的关键有二

第一是必须迎浪而捞。纸浆在水槽中经过多次抄造，上下浓度会产生差异，为使纸浆浓度上下一致，使前后所捞纸一样厚薄，必在举帘捞纸前，先用纸帘在纸浆里悬浮，注入中摇动，使纸浆不停地上下翻动，然后持帘迎浪而上，浪动捞起，动作要敏捷轻快。这种用纸帘在水槽中掀起的浪头工序上叫做摇浪，它起到搅拌和送纸浆上帘的作用。第二要靠熟练的技能。捞纸全靠手工捞，是个“绝活”。

3. 榨纸

手工捞出的湿纸，累积一日后，将其移在木榨上，用千斤顶原理进行慢而缓的螺旋木榨，木板面使湿纸中水分榨出，使榨出纸页维持原状，成一大块纸帖，后再送焙室干燥。

4. 晒纸阶段：实质是焙纸、炕纸

晒纸前先用清水将纸帖徐徐渗透后，用薄木板轻轻抽扑，并用手指尖将纸帖四周纸边扭松，并在一头卷起纸角，抬入焙屋，干后取下，焙屋，是指专供晒纸的房屋，屋内砌有焙笼，两边砌成墙，中间为一空间，一端外部下面设一灶器，可点燃料，上端留一烟道出口，全长约 9 米，一端点火烧柴或煤，一端上部砌一烟夕向上拉风，点火后焙笼充满烟道气将两边，墙面烤热，墙外表面用三合土磨光表面温度 65 ~ 70℃，晒纸时，工人将纸一张一张揭离牵下，依次一张一张刷在墙面上。从左至右，挨次贴完，湿纸在墙上烘干后，一边从墙上揭下，一边将湿纸贴上墙，如此紧张而有秩序的劳作循环往复，直至将所有纸贴烘干。

5. 检纸

将培干之纸运至检纸房，置于纸台上，经工人逐张迎光察看，揭去破损及有缺点（如孔洞）、撕裂等的纸页，回槽再用，将检好的纸，修整叠齐。

6. 剪纸入库

叠好的纸用木尺量齐后对每叠纸按四边。分别剪裁整齐边剪边向前移动脚步，一气呵成。剪完后各边均落有绒毛，说明是含有檀皮长纤维的纸，出售时客商方认可是真的宣纸，所以一般不主张用闸刀闸切，剪好纸，按一定张数，分成刀（过去如四尺料半，常规为94张为一刀）棉料一般100张为一刀，同时在每刀纸边处加盖各种字号标明，品种、名称、制造厂家名称及印记等。集成若干刀后，开始包装，包装开始先行叠齐，外用塑料薄膜补套，以防走潮，然后放入专制纸板箱中，标上品名及厂名，存库发货。

五、古代传统法手工制浆及造纸图例

（摘自潘吉星著《中国科技术史》一书）

图1 洗料

图2 人工捣料

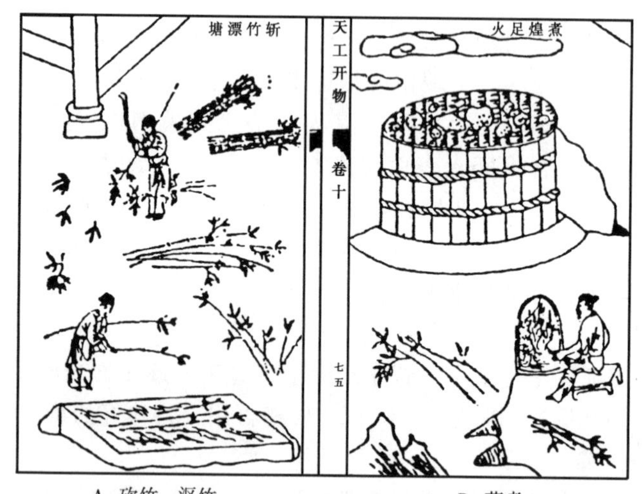

A 砍竹、沤竹

B 蒸煮

图3 《天工开物》（1637）中砍竹、沤竹、蒸煮图

A　荡帘抄纸　　　　B　翻帘、压纸

图 4　《天工开物》中荡帘、翻帘、压纸图

图 5　烘纸

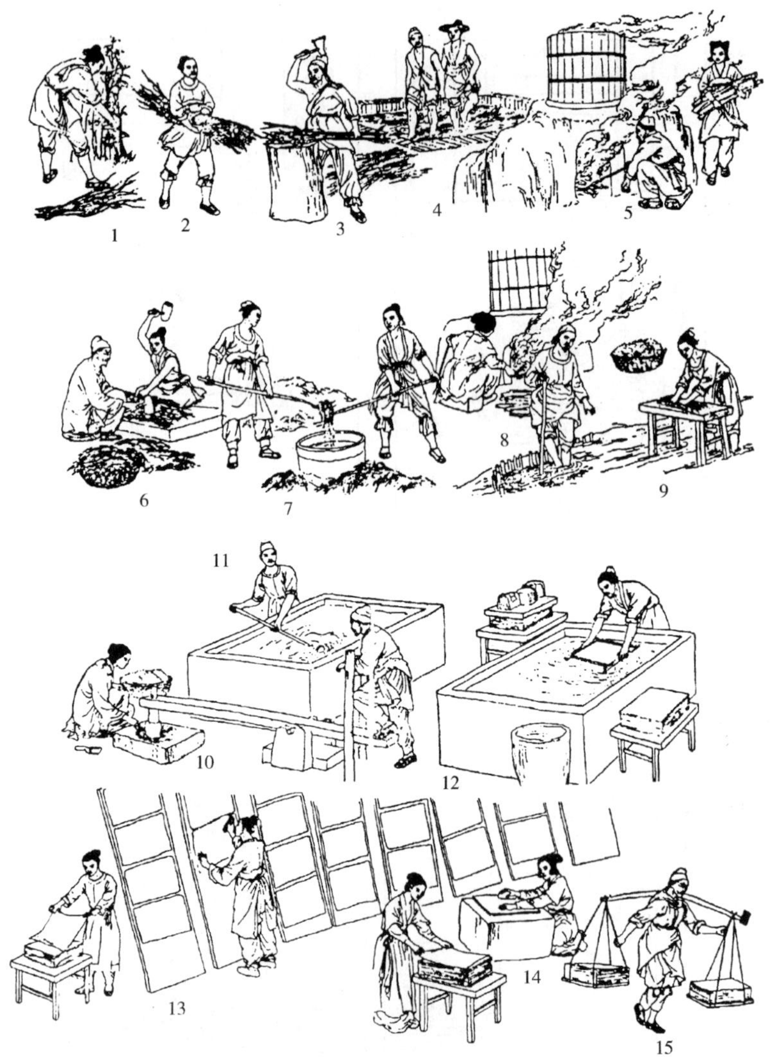

图 6　唐代造皮纸工艺流程图

1—砍伐；2—打捆；3—剥皮、切短；4—沤制；5—清水蒸煮；6—剥青皮；7—浆灰；8—蒸煮；9—洗料；10—打料、捣料；11—配制纸浆；12—抄纸、压榨；13—晒纸；14—整理；15—运货

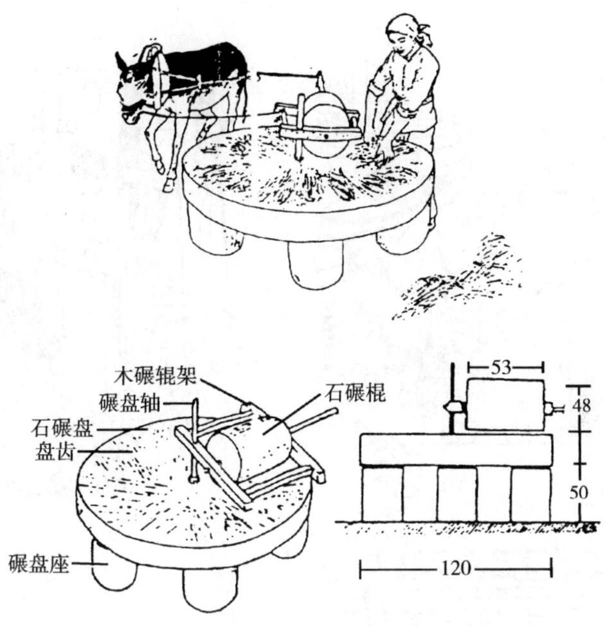

图 7　碾皮料用高碾

左：操作图　右：高碾

图 8　浆灰

图 9　蒸煮皮料

图 10　抄纸图

图 11　人工压榨脱水图

六、传统工艺草浆制备过程（附照片）

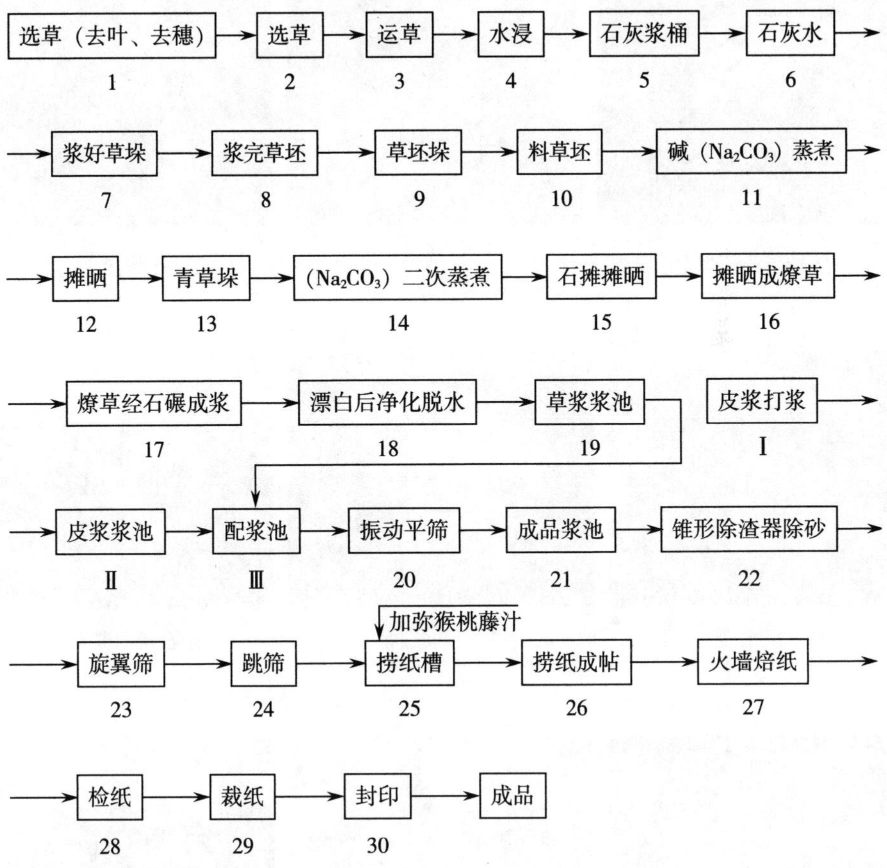

传统工艺草浆制备过程图

1. 选草（去叶穗）

2. 选草

3. 运草

4. 水浸

5. 石灰浆桶

6. 石灰水浆草

7. 浆好草垛

8. 浆完的草坯

9. 草坯垛

10. 抖草坯

11. Na_2CO_3 蒸煮

12. 摊晒

13. 青草垛

14. 二次蒸煮

15. 石摊摊晒

16. 摊晒成燎草

16. 摊晒成燎草

17. 石碾（打浆）成浆（振框筛）脱水

18. 漂后净化脱水

19. 洗漂池→单浆浆池

Ⅰ. 皮浆打浆

Ⅱ. 皮浆池

Ⅲ. 配浆池

20. 振动平筛选皮草浆

21. 成品浆池

22. 除砂器

23. 旋翼筛→跳筛

24

25

26

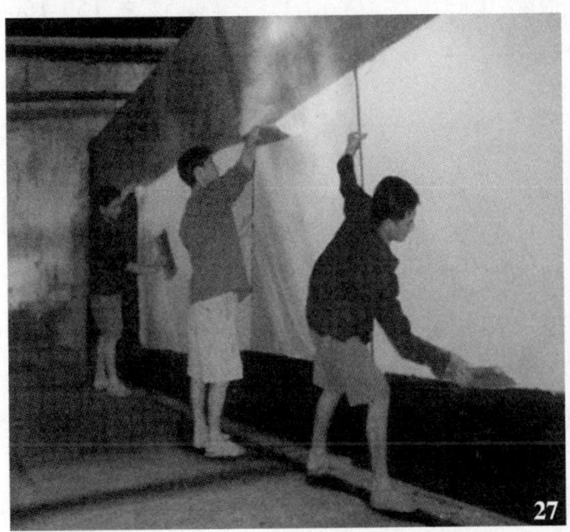
27

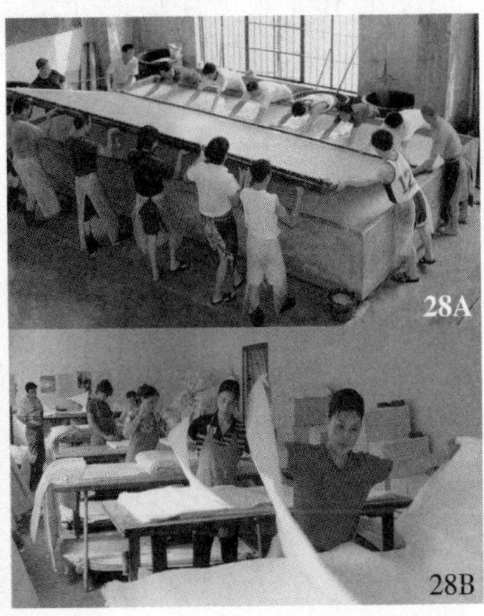
28A

28B

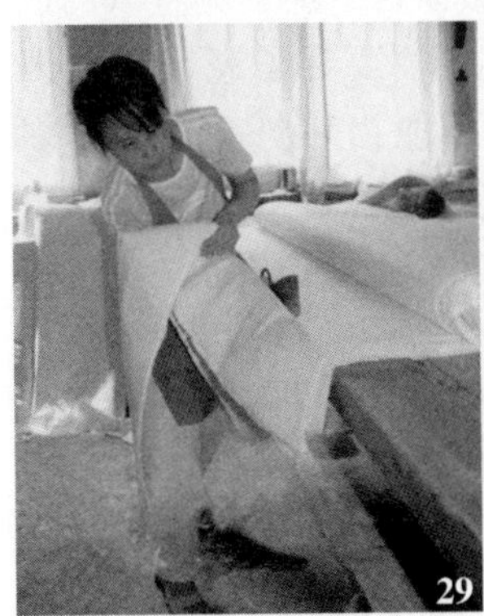
29

30

24. 捞纸
25. 捞纸前（加猕猴桃藤液）
26. 捞纸成帖
27. 火墙纸
28A. 手工捞宽福纸
28B. 检纸
29. 裁纸
30. 封印

第二章 青檀皮浆的制备

檀皮制浆传统工艺方法和燎草制浆过程相似，曹天生所著《中国宣纸》一书，已作了较为详尽的介绍，他将其归纳为24道工序（见该书159-160页），现摘录于下：

一、传统工艺

（1）砍条。青檀皮树采剥韧条，先砍伐后蒸煮。就砍伐来说，这是一门技术性限强的活。一株青檀皮第一次采伐，一般离地面33~66厘米下刀为宜。来春刀口处即发出新芽长出嫩枝三五枝以上，枝条细长挺直。又隔1~2年后，第二次砍伐时，又留出三五枝笋头。又隔1~2年第三次砍伐时照此办理。一般三次砍伐，就可定棵，即一棵檀树上的分蘖新枝条根据土地肥瘠、朝阴朝阳等情况决定每次砍伐的数量。分枝过多时，则要适当抹去一些嫩芽，以防拥挤过细。每隔1~2年砍伐枝条。是因为此时青檀皮的韧皮质量处于最佳状态。生长超过3年以上，韧皮质量便逐年老化，不满2年生长期，韧皮又太嫩，均不为宣纸上等原料，若用此做原料，会影响宣纸的成色。另外，砍伐时要刀快利落，细枝要一刀砍落，粗枝要尽量减少砍伐刀数，最好2~3刀，而且不论细枝粗干，落刀处均不能损坏笋头韧皮。多刀中要避免刀口紊乱，防止影响来春发芽抽条。笋头不能留的凹形头，以防积留雨雪水，造成笋死树折。总之，采伐得法，既有利于提高出皮率，又使檀皮树来年的分蘖抽条更有利。枝条砍下后，先剔去枝条上的过细分枝条，除去败叶、死枝，再按1.7米左右截成段，并按粗细分等，捆扎起来，每捆一般重约25~50千克不等。然后再运至蒸煮地。

（2）蒸煮。蒸煮方法有圆桶法和方桶法两种。但在宣纸之乡一般是将成捆之檀树枝条装入蒸锅内蒸煮。沿锅上箍大圆桶，锅上横放粗圆木，檀枝一捆一捆置内堆放好，一层压上一层，一般达一人多高，最好沿桶口压上木板等物，以保蒸汽尽量少外泄。然后在锅下烧火，约烧一天一夜，即成。取出，浸入溪水中。这样的蒸煮法一次可蒸煮青檀枝条几十担。这一环节的质量要求是枯枝必须剔除，蒸煮要匀透，浸泡要及时。

(3) *剥皮*。蒸煮过的檀皮经约 24 小时浸泡，捞起，人工剥下，晒干，扎成小把，再集若干小把成为一捆，每捆一般重 25 ~ 50 千克不等。此即成为等待进一步加工的毛皮。应注意的是檀皮一定要晒干才能上捆，不能堆放在阴暗、潮湿的地方。

(4) *渍灰*。将毛皮按把浸入石灰池，使皮吸石灰汁。

(5) *堆积*。将饱含石灰汁的青檀毛皮置于池边若干天。

(6) *蒸皮*。将堆积之皮，移入檀锅蒸之。至蒸汽透至表面，即停止烧火，等至全冷。

(7) *踏洗*。将皮从蒸锅中取出，再堆腌数日，然后用脚在溪水中踩洗，将石灰洗去。

(8) *制皮坯*。将洗净的皮晒干，晒干后的皮即称皮坯。

(9) *蒸煮*。将皮坯放入经过煮沸的碱水中浸泡。此时的皮须随放随捞，一次的量也不宜多。捞出之皮，移置另一檀锅中，待全锅装满，蒸皮开始，于锅下烧火，等待火尽锅冷。这一环节的关键是，烧碱的浓度和皮胚的老嫩要适宜，蒸煮时要特别把握火候，保温期要在六小时以内。

(10) *洗涤*。将蒸皮取同置于流水中洗冲干净后晒干。

(11) *撕选*。将干皮分等去杂，再扎成把。

(12) *摊晒*。将皮运至石晒滩上按把摊开晾晒。晒十余天后再翻晒十余天。这样就制成青皮。表皮为普通皮料。欲制上等皮、特等皮，可将所制青皮再重复加工一次。

(13) *蒸煮*。复将皮坏放入经过煮沸的碱水中浸泡，仍然随放随捞。

(14) *洗净*。将蒸皮取出置于流水中洗冲干净后晒干。

(15) *摊晒*。复将皮运至石晒滩上按把摊开晾晒。从（13）~（15）再加工之皮，称为燎皮。

(16) *鞭皮*。即用竹鞭反复抽打燎皮（或青皮），一边抽打，一边拣出杂物，抖落灰尘，以便于洗涤。

（17）洗涤。进一步去掉皮上附着之污物。

（18）拣皮。进一步拣出皮上所存之杂质，并将皮按等选出。经过拣皮，皮料已很匀净。

（19）做胎。

（20）压榨。榨去皮中污汁等。

（21）选皮。再进一步剔去残存于皮中的杂物，并将皮进一步分成等级。

（22）打料。将所选之皮送至碓皮间，置于碓皮机下，反复击打，工人在旁反复翻动，称之调皮。经过碓皮，皮条即成，每条约重2.5千克。放置缸中，在做料时将皮条由缸中取出，用长刀截断，便成短条。

（23）洗涤。将短条料放置精制之布袋中，在溪水中脚踏棍捣，反反复复，即成皮料。皮料做好后，置于专用缸内待用。

（24）漂白。将皮料放置漂白池内施行漂白，漂至适当程度，即以流水冲洗，即成漂白皮料。这样，就形成了漂白檀皮纤维料。这一环节尤其要把握老、嫩皮的漂白浓度，成皮料时不能有斑点或黑质，必须具有柔性。

从檀皮制浆传统工艺过程中可以看出与燎草浆制备过程大同小异，所不同的是，打浆方式不同，传统法中称之为打料，即将拣后皮料里于碓皮机下，它反覆碓打，碓皮机下为一石磨状园盘，上刻有磨齿，籍水力带动木锤，从上到下往复直线运动，槌打磨盘，工人将檀皮置于石磨上，不断翻动直至檀皮压溃成浆，皮料呈圆形薄片，该过程称为调皮，皮条形成，条约重2.5千克，置于缸中，取出用长刀截断，即成短条状皮料。再放水中袋洗脚踏，遂成皮料（浆），再放入漂白池内漂白（氯漂），洗涤榨干后送往车间与草浆配料。配料过程按一定比例，如八二、七三、六四、五五不等，可在打浆中进行打匀，即可放入捞纸槽的存浆池中滤出水分，即为全料，即可进行捞纸了。

二、传统法青檀皮制浆工艺（附照片）

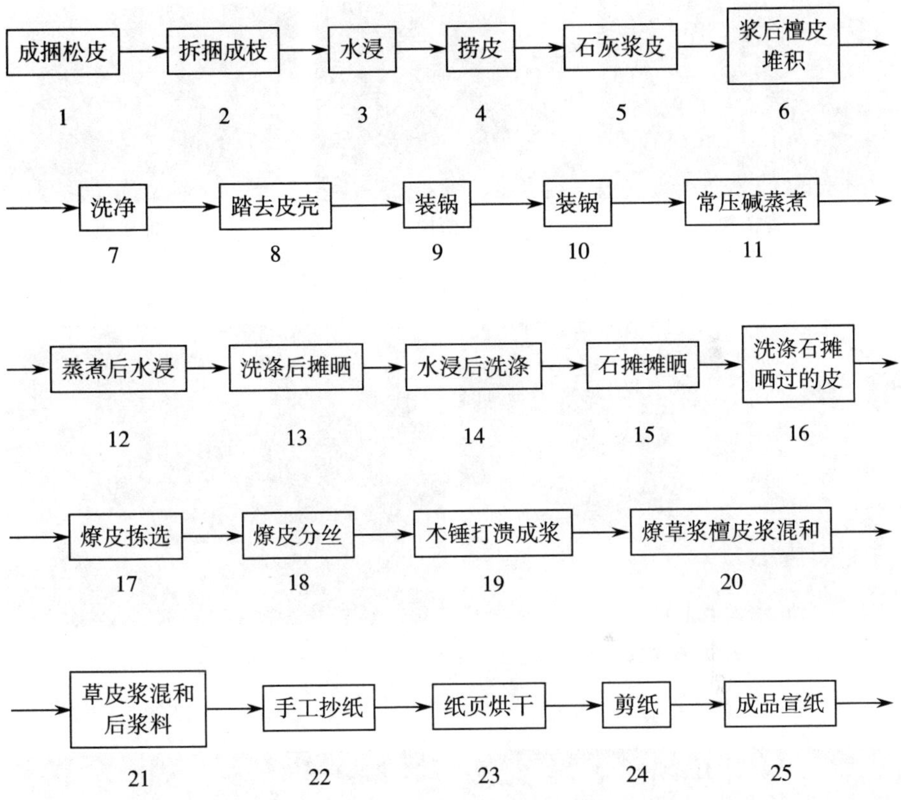

传统法青檀皮制浆工艺图

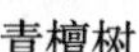

青檀树

青檀树

1. 成捆檀皮

2. 拆捆成枝

3. 水浸

4. 捞皮

5. 石灰浆皮

6. 浆后檀皮堆积

7. 洗净

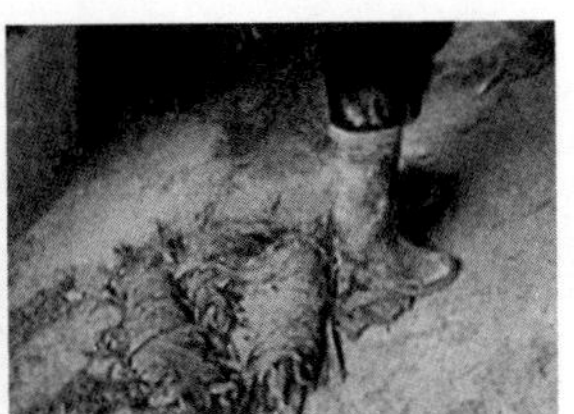
8. 踏去皮壳

9. 装锅

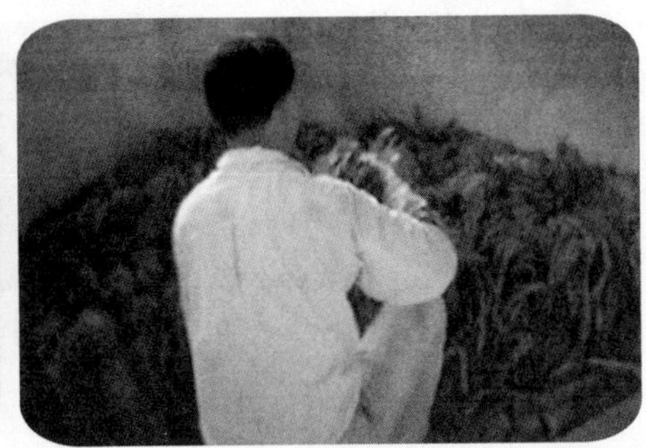
10. 装锅

11. 常压碱蒸煮

12. 蒸煮后水浸

13. 洗涤后摊晒

14. 水浸后洗涤

15. 石摊摊晒

16. 洗涤石摊晒过的皮

17. 燎皮拣选

18. 燎皮分丝

19. 木锤打溃成浆

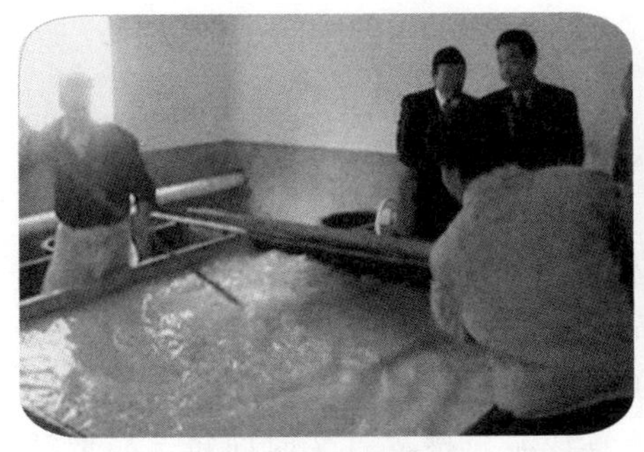
20. 燎草浆檀皮浆混和

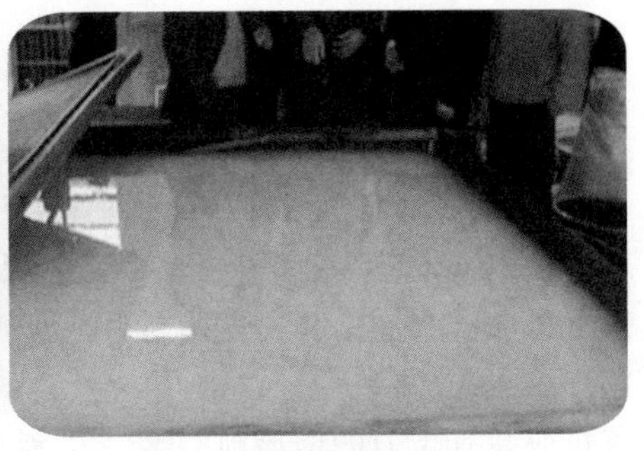
21. 草皮浆混和后浆料

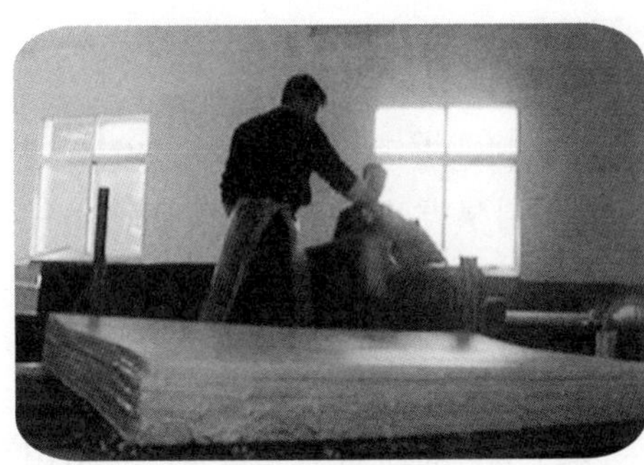
22. 手工抄纸

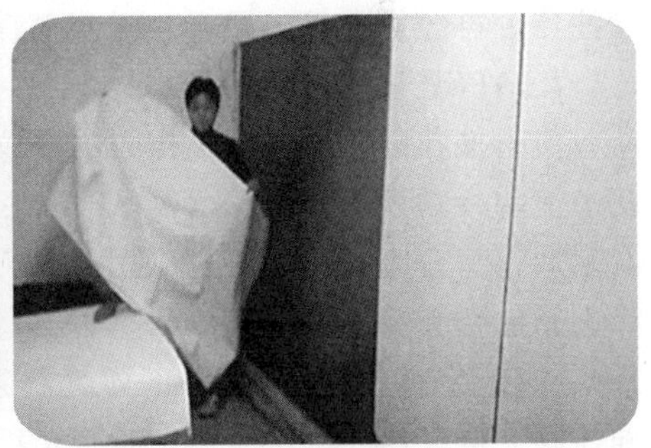
23. 纸页烘干

24. 手工裁纸

25. 成品入库

三、改进后皮浆制造流程

近几年来，檀皮制浆已有改进，流程是：

1. 碱法制浆

（烧碱蒸煮）洗皮池洗涤，漂去黑壳和杂质→漂白池→漂白加次氯酸钙或次氯酸钠水漂白，白度达到后，即加水洗涤→洗净后在木榨上榨干→人工拣皮弃去未漂白皮料及带有黑壳严重的皮→打浆机打浆，一般用荷兰槽式打浆机或装有飞刀的槽形池打浆，达到疏解成浆。檀皮打浆时间短，易于打浆→圆筒筛脱水→浆池中→用无堵塞泵打至沉砂盘→入平筛→贮浆池→泵送调浆池中。调浆用螺叶式浆池较好，不易结球，与草浆混合均匀，然后经过除沙器，再经旋翼筛→跳筛→送至槽存浆池中。

2. APSP 法

值得推荐的是，最近由山东安丘汶瑞机械制造有限公司刘世海高工和湖北工学院聂勋载教授合作研制 APSP 法长纤维制浆方法，其设备和工艺条件看来均很适合树皮制浆工艺应用，其工艺特点：通过杆状纤维撕裂机，可以除去黑皮壳和髓芯，分离排出，再通过 SLG 多功能制浆机进行，制浆漂白，打浆洗涤于一体，可在常压下连续制浆，节水省电，目前可用微 DCS 机精确控制。据该厂介绍可生产书画纸蜡纸，引线纸等特种纸。我想也一定适用檀皮长纤维制浆的需要。其特点是在制浆的同时，完成了漂白过程，通过碱性过氧化氢溶液根据材种和浆料所要求强度和白度来选择 SLG 多功能制浆机台数和级数，碱和 H_2O_2 的用量。

其工艺流程是：

树枝→杆状纤维撕裂机→切料机→筛料机→除铁器→输送机→料仓→洗料机→斜螺旋脱水→计量螺旋→#1SLG 多功能制浆机→汽蒸仓→2#SLG 制浆机→反应仓→消潜池→双螺旋脱水机→稀释池→脱水机→大锥度精浆机→缓冲池→压力筛净化漂白→成浆池→抄浆机→平切机→打包机→浆板入库。

如果上述 APSP 法制浆应在檀皮制浆工艺上获得成功，则对宣纸制浆新工艺来说，可以说如虎添翼，将一举改变宣纸原料制浆的旧面貌。在更大深度和广度上创建宣纸生产的新天地。

第三章　宣纸制浆原理的探析

为了保持宣纸传统工艺的特色，全面了解燎草（皮）生产过程各阶段的化学变化，曾对上述燎草制浆各个阶段进行了化学组成的分析，其结果如下：（表2）

表2　燎草制浆各阶段化学组成

项　目	稻草	草胚	青草	燎草
水分	13.77	11.29	11.77	8.75
灰分	12.20	18.31	18.70	13.76
热水抽提物%	20.72	13.93	12.01	5.09
1% MaOH 抽出物	48.06	40.66	25.55	20.72
木素%	17.10	14.38	6.30	4.61
纤维素%	38.86	50.83	62.46	71.39
多戊糖	20.77	18.71	16.41	15.76

从上述结果看，稻草经过两次碳酸钠蒸解后，木素含量自17.10%下降到燎草阶段的4.615%，近占68%以上，说明开始碱蒸煮后木素含量下降，而纤维素含量相对从38.86%增至71.39%，多戍糖含量递减缓慢，从20.77%下降至15.76%，可见燎草的制作主要是力图脱尽木素而保留纤维素和半纤维素，由上述证据可以看出稻草木素在碱性介质中有较好的易溶性，故稻草浆蒸煮可在低碱低温，时间短的条件下进行，而残留木素的脱除则有赖于采用漂白的方法来完成。可见：

一、宣纸制浆属于碱法制浆的范畴

药剂苛化反应，制浆过程均在碱性介质中进行（$Ca(OH)_2 + Na_2CO_3 \longrightarrow 2NaOH + CaCO_3 \downarrow$），由于稻草木素大都存在于细胞避壁内，综合型特点，酚型结构木素比例多，再加上草类细胞结构疏松，多孔，易为化学药剂浸透等特点，故在蒸煮前期木素溶出速度要快得多，稻草木素在碱性介质中较好的易溶性，说明稻草浆蒸煮可在低碱低温，时间短的条件下进行。

水浸作用主要是通过稻杆纤维的有机酸作用，对半纤维素予水介作用，一方面脱出部分果胶，脂类，色素，单宁等物质，使纤维纯化，多戍糖下降，意味半纤维素的下降，在物性上就增加了纸的柔软度和其他物理性能（防止脆性）。

二、石灰添加，Ca 离子的存在是宣纸保存期久的必要条件

试验中，曾用原子发射吸收光谱和化学分析手段，对制浆各阶段半成品进行灰分分析发现其中以 Ca 的含量最高，Si 次之，见表 3。可以理解在传统工艺中，由于$Ca(OH)_2$的加入，空气中 CO_2 的渗入，以及后续过程加入 Na_2CO_3 的反应，Ca 有可能形成以 $CaCO_3$ 盐类形式存在于草浆中，它既是一种提高吸收油墨能力使纸张紧密柔软的填料，又是碱土金属化合物是防止纤维素氧化降解的保护剂。美国 e. Sclang 和 Zahn. Cwdianre 对美国国会图书馆 500 本图书用 X 射线检验结果，证明 $CaCO_3$ 的存在，使纸张呈碱性，此乃保

表 3　制浆各阶段化学元素含量　　单位：%

样品＼元素	P *	Si **	Al **	Ca	Mg	Na	K	Fe	Mn	Cu	Zn	N_2CO
稻草	0.084	1.76	0.07	0.2	0.24	0.046	0.82	0.012	0.004	0.0019	0.0007	20.0001
草胚	0.022	3.7	0.21	4.63	0.05	0.034	0.23	0.032	0.0068	0.0025	0.0039	20.0001
青草	0.021	2.7	0.11	7.65	0.15	0.079	0.012	0.036	0.004	0.0001	0.0015	20.0001
燎草	0.019	2.64	0.17	4.8	0.23	0.1	0.012	0.04	0.0088	0.0001	0.0025	20.0001
未漂稻草浆	0.025	2.9	0.2	6.93	0.13	0.098	0.025	0.073	0.0085	0.0001	0.0041	20.0001
漂白浆	0.014	1.8	0.088	2.96	0.15	0.12	0.029	0.038	0.0043	0.0014	0.013	20.0001

* 化学分析结果

** 原子发射光谱分析结果，其余为原子吸收光谱分析结果

存千年的图书具有耐久性的关键，所以传统工艺中用石灰浸渍稻草，更促进了稻草中脂肪、蜡质、果胶色素的抽提分解，从而使蒸煮条件得以改善，滤水性增强，有利于浆的净化和纸的成型。

三、氧漂是宣纸制浆脱除残留木素的关键

漂白，实质上是进一步溶出木素和色素的过程、传统法制浆、石滩铺晒看来主要是长期靠空中的氧（空气氧的含量为20.93%）进行氧化，石滩铺晒是在常压下进行，氧与木素的反应进行缓慢，所以传统法漂白过程也就缓慢，从草胚到变成白色的草（白度　只在50°%～55°%ZBD），一般需3～4个月时间，溶解的氧化木素等物质则通过雨淋和地表迳流而洗去，所以宣纸工人反映，燎草生产需要晴雨相间的好天气才能保证优质。关于这一点，我国造纸专家曹光锐教授于1975年《吉林造纸通讯》第二期论述《氧碱制浆》一文中指出："氧碱浆是我国劳动人民发明的目前在安徽等地生产的宣纸就是用石灰闷煮后，在空气中与氧起作用而成浆的。"浙江省两位造纸专家陈志蔚、谢崇恺在《纸和造纸》1986年第四期上发表的《国画与宣纸》一文中也提到宣纸制造原理是"缓和的蒸煮方法与天然氧漂所制成。"可见，专家所见略同，说明宣纸制造与氧碱制浆有着十分密切的关系。

天津轻工业学院化工系造纸教研室在谈到氧碱制浆中（制浆造纸技术讲座P124页）有这样一段论述："氧碱法制浆的基本原理是植物纤维原料中的木素可以被氧化，木素的氧化产物主要是有机酸，可以被碱中和而溶解于碱性溶液中，为了加速氧化反应，植物纤维原料先用碱蒸煮软化，再用盘磨机磨成纤维束，在碱的催化及一定的温度和一定的压力下，用氧气或空气进行氧化"。为了避免纤维素及半纤维素受到氧化，在氧化时要加碳酸镁作保护剂。他们将此过程绘制了一图如下：（见图1）

接着指出：由图可知，此法最优越之点符合生态循环规律，没有污染的问题，所用的化学药品碳酸钠及碳酸镁用量不多，且都能回收，所用的氧气是取之不尽的天然资源，生产过程比较简单。所以有人予计到本纪末，此法可能取代现在仍占优势的（硫酸盐法）的制浆。上述一段分析，与宣纸制浆工艺相比，何其相似乃尔。这正是我们所要找到的宣纸制浆原理——氧碱制浆是关键的依据所在。

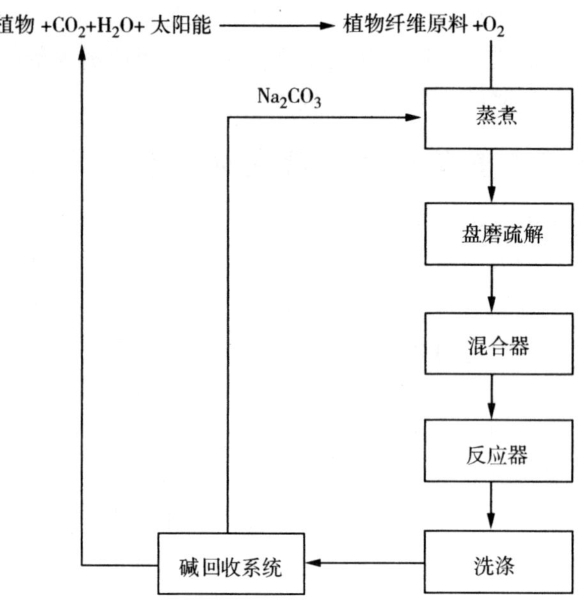

图 1　氧碱制浆流程及生态循环

致于为什么氧碱工艺使宣纸具有如此特色呢？这要从氧与木质素的化学反应谈起。目前，比较一致的看法认为：分子氧是氧化剂，处于基态时，其原子外层有两个逆行自旋的不成对电子（$IS^2 2S^2 2P^4$）当其中一个电子跃迁到较高能级处于激发氢（H_2O_2）和氢氧游离（HO_2）以及其他有机对应物在碱性条件下，它与木质素中的丙烷单元反应生成共振稳定化的苯氧自由基。

新电反应　⊖质子化作用

R　OCH$_3$　$+ \cdot\ddot{O}-\bar{O}\cdot \longrightarrow :\bar{O}-\bar{O}\cdot +$　R　OCH$_3$

在碱性介质中，木素结构可转变成负碳离子和共轭的羰基结构产生对电子吸引或排斥的位置。

亲电试剂氧倾向于负电荷位置，亲核过氧阴离子则于正电荷位置反应，

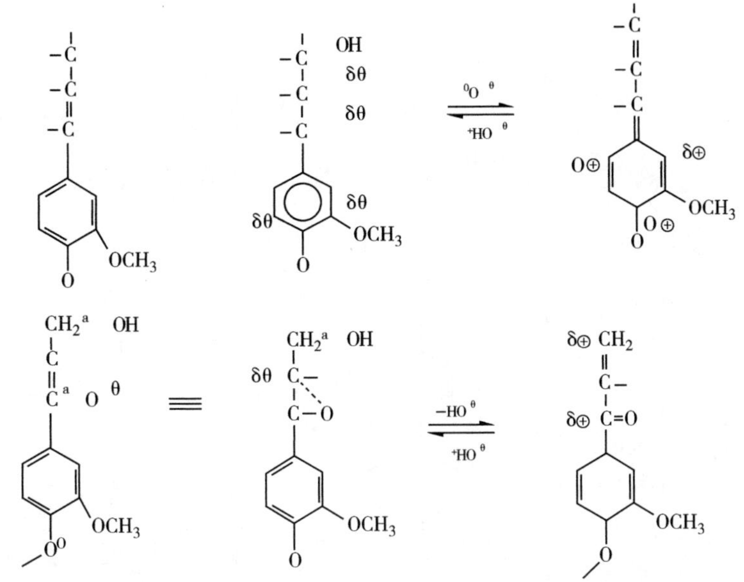

$\bar{O}\text{–}O_2^+$ 亲电进攻位置　　　　8^+OOH^- 亲核进攻位置

尽管反应途径不同，但都形氢过氧化物而发生侧链脱落，脱甲氧基、芳香核裂解等反应，生成各种羰酸，在侧链 α 位置形成羰基时，易使 β 芳香继及 α-β 碳——碳键裂解，生成愈创木酚基和羧基。

而在反应历程中，木素降解所形成醌型发色基团，在碱性条件下，又被过氧化氢消去，形成羧酸和环氧乙烷结构。

所以在氧的参与下，木素脱除率高，发色基团少，返黄值低，白度稳定，这正是宣纸性能所要求的目的。

试验与生产实践证明，全靠氧气和碱来去除纸浆中木素将导致得率和强度的下降，它应用了碳酸镁作为保护剂，但并不能完全避免纤维素的降解。因而要想使纸浆获得较高的白度，还需进行补漂，氧漂只能作为解决蒸煮和常规漂白之间的一个处理工序，从蒸煮浆中除去 50% 以上的残留木素，我们在试验中采用的是两段制浆系统，即首先采用碱法制浆，再机械纤维化，最后在碱氧存在下进行脱木质素作用，辅以次氯酸盐（H 段）补漂。根据所选

OOH
侧链脱落
R
OCH_3
O
分解
HO^{O}
R
OCH_3
O
C
OOH
脱甲氧基
R
OCH_3
O
分解
R=H
H
OH
OOH
分解
H_3CO
OCH_3
COOH
R
COOH
分解
+ θ
HO
O
COO θ
COO θ
O-OH
θ
+OOH
– θ OH
θ
+OOH
– θ OH

定的工艺条件，粗浆得率40%以上，氧碱浆对粗浆得率约90%，卡伯值由8-9下降到3左右，白度为67%～69%EBD，补漂后，漂率5%，白度上升到80%EBD，良浆得率可达25%左右，高于传统燎草浆的得率16%～20%，卡伯值为1.5%左右，几乎与传统浆卡伯值1.6%相接近，并大大减少了漂白工段废水中COD含量和色度，降低了氯耗，且返黄值低，老化（105℃）72小时后，PC值为140，而传统燎草浆却高达100左右，氧碱浆纤维柔软，纤维束少，易于打浆，滤水性好，抄纸页测试结果，其物理指标均符合要求，成品率达90%以上，书画效果亦佳。足见氧碱工艺制取的草浆应用在宣纸抄造上是成功的，它既符合天然氧标的原理，又体现了宣纸洁白似玉和纸质柔韧的特色。

四、青檀皮纤维是宣纸层次分明，润墨性好的一大要素

手工造纸很讲究“纸的抄造、首在于料”这句话，所谓料，就是原料，宣纸特色与采用我国特产的青檀皮为原料有关，主要是用它的韧皮纤维，这种纤维是以纤维束形式存在于内皮中，主要成分是筛管分子，薄壁细胞和厚壁细胞，成切向排列，其化学成分主要是高聚糖组成，纤维素占优势40%，其次半纤维素8%，木质素含量少10%，在热碱下即可溶去果胶和木素，漂白甚易，檀皮韧性纤维长度一般在1.7～3.7毫米，长宽比314，湿强度高，尤其是纤维规整度好，即有80%纤维长度十分接近，因而成纸均匀度好，易于疏解和打浆。根据刘仁庆同志试验观察认为：“皮纤维细胞在自然风干状态，初生壁会发生不同程度的收缩，在纤维表面形成许多皱纹，用电子显微镜观察结果，发现青檀皮纤维细胞壁上分布有较多的与纤维长轴呈平行的皱纹最为突出，不但致密而且分布均匀，故在书画着墨时，易留住笔痕和墨迹”，又由于皱纹存在淡墨和水会沿着沟道向外逐步渗扩，形成了不同的层次（浓、淡、水），重笔时又自然分成界限，互不溶混，造成了画面的立体感，少加上规格的长纤维与草浆短纤维相互交织，使得水墨扩散均匀，无锯齿形辐射状态，此往往是手工感官检验宣纸特色的一种简便方法。所以自古以来，真正的宣纸都很重视檀皮的选料（以2～3年生枝条皮为最佳），因此，直至目前，在尚未找到比檀皮还好的原料之前，可以说这么一句话“无檀不成宣”。国内近来有人担心宣纸机密会给日本人偷了去！殊不知，日本根本就没有青檀皮的生长、繁殖，他哪来的宣纸呢？只要我国把住青檀皮这一出口关就行了。

现代工艺篇

上面两篇的讨论，使我们已经认识到宣纸制浆的原理，它的核心是氧碱制浆，曹光锐教授说得很清楚；这本来就是我国劳动人民创造的。所以氧碱法也不是“舶来品”。但用到造纸工业上去，我国尚处于起步阶段。上海造纸研究所颜振康同志曾就氧碱制浆问题专门写了一份调研报告，不妨就有关内容摘奉于下：他在报告中谈到“在造纸工业上应用氧气已有近20年的历史，将氧气用于漂白方面，早在1956年在苏联Nikitn已进行研究，以后发现了镁盐保护剂和镁络合物，才为氧碱制浆工业建立了基础，相继在法国、瑞典、加拿大等国造纸工业上得到应用和发展。尤其是在80年代意大利开始对一年生植物稻麦草进行氧碱蒸煮都得到了长足的进步，这就是为国际造纸制浆行业一致推荐的意大利Fogia IPZST进行的NaCO法，制浆工艺。”“氧气应用于造纸工业是一个较新的工艺，意大利使用氧碱蒸煮NaCO法在蒸煮一年生植物中证明比原来的氯碱法（pomito）优越：它可以减少有害化学药品的消耗，节省能源和水，由于氧漂的废水不含氯离子，不产生氯离子沉积的危害性，因而可直接加入回流系统循环使用，既节约了水资源，又缩短了漂白顺序。”因此，他认为，在造纸工业上应用氧气是有发展前途的。

安徽省科委、计委很快看到这一点，从而进一步确定，以氧碱法为重点，组织了宣纸制浆的中间试验和以后的工业化试验。为了命名方便，我们统称之为“宣纸新工艺”。

科学技术是第一生产力，试验围绕着如何让科技转化为生产力而进行的。所以有了下面介绍的工业化试验。

第一章　新工艺试验

新工艺试验

一、试验主要仪器设备及方法

1. 蒸煮氧漂试验在 15 立升不锈钢电热回转釜中进行。

2. 正交试验在 4 个群罐（1 升）中进行。

3. 浆的洗涤在尼龙网袋中冲洗，洗衣机脱水机中甩干。

4. 纸片抄造在抄片成型机中进行。

5. 浆样分析，参照《造纸化学工业分析》和《制浆造纸实验》中有关规定进行测定。

6. 稻草原料和檀皮纸浆由泾县小岭宣纸厂提供。

7. 累积一定数量的浆料，送往小岭宣纸厂经振动平筛、除砂器、旋翼筛及跳筛筛选净化后送往纸槽抄纸。

8. 抄出的纸样送省造纸检测站测试其物理性能指标，再与标准比较。

二、按原料处理方法不同（草胚和稻草）分别予以介绍

（一）以草胚（经水浸后再经石灰淹渍晒干的沙田稻草）为原料的制浆工艺过程：

1. 碱蒸煮

根据隆言泉教授对稻草纤维分离点的研究指出：用碱量为 11% NaOH 时，纤维分离点在 160℃左右，考虑到稻草经水浸部分半纤维素予水解和部分色素、脂类、蜡质，经石灰浸渍抽检分解后质地疏松，纤维间空隙增大，碱液易于渗透的特点，采用较为缓和的蒸煮条件，取蒸煮温度 140℃，蒸汽压力 0.4 ~

0.5MPa 升温时间 1.5 小时，保温 1 小时，液比为 1∶5，分别取用碱量 6%、7%、8%、9%、10% NaOH 进行蒸煮试验，其结果如下（见表 4、表 5、图 1）：

表 4　原料：草胚

试验号	草胚重量(克)绝干	用碱量 NaOH%	液比	汽压 MPa	温度℃	时间		得率%	卡伯值
						升温	保温		
NO_{20}	1500	6	1∶5	0.4	140	1∶08	1∶30	64.49	9.07
NO_{18}	1500	7	1∶5	0.5	150	1∶00	1∶30	57.02	11.50
NO_{11}	1500	8	1∶5	0.5	150	1∶00	1∶30	52.25	7.36
NO_{30}	1500	9	1∶5	0.5	150	1∶00	1∶30	50.96	6.73
NO_{75}	1500	10	1∶5	0.5	150	0∶40	1∶30	51.00	6.20

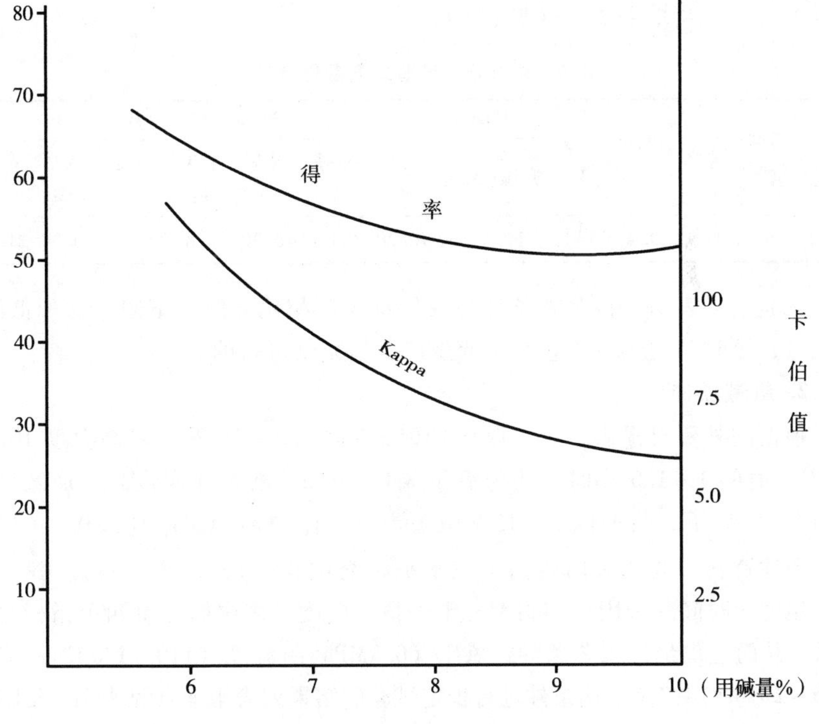

图 1　用碱量与得率及卡伯值的关系

表 5　原料：稻草（对照试验）

稻草用量克	用碱量 NaOH%	液比	汽压 MPa	温度℃	时间		卡伯值	得率%
					升温	保温		
1418.4	10	1:5	0.5	150	1	1.30	19.8	42.2
1400.0	7	1:5	0.5	150	1	1.30	42.4	48.77

试验结果分析：蒸煮在固定温度、时间、液比的条件下，随着用碱量的减少，粗浆得率增加，卡伯值却随碱量的递减而上长，但在同样用碱量条件下，草胚和稻草相比，稻草卡伯值为 42.4 得率 48.77%，而草胚蒸煮浆卡伯值只有 11.5 得率 57.02%，同时 10% 用碱量蒸煮浆相比，草胚卡伯值为 6.2，得率 51%。而稻草浆卡伯值为 19.8，得率 42.2% 显然草胚比稻草容易蒸煮，脱木素效果好，浆软，得率也高。通过对草胚正交试验所取得的稳定蒸煮工艺条件及结果如下（见表 6）：

表 6　草胚正交试验工艺条件及结果

装锅量（克）	用碱量%	液比	汽压 MPa	温度℃	时间		试验结果						灰分%
					升温	保温	耗碱%	残碱%	得率%	卡伯值	白度%	多戊糖%	
1500	9	1:5	0.4	140	1	1.5	90.20	9.88	48.30	5.8	51.7	16.34	21.80

试验结果表明，该蒸煮条件与一般草浆厂相比，属于下限，这种低温，低碱量，短时间的蒸煮工艺在工业生产上是完全可行的。

2. 氧碱漂白

根据国外资料提供，氧压取 0～10kgf/cm^2（0～1MPa）最高温度 100～120℃，时间 1～1.5 小时。认为氧压取 0.5MPa，纸浆强度最高。加碱量应控制在 5% 以下，浆浓以 5～15% 中浓为宜，保护剂 $Mgco_3$ 量为 0.5～1%，参照上述资料，我们采用四因子三水平正交试验（Lg_3^4）（表六）。找出氧压、温度、时间三个因子与得率、卡伯值、白度、多戊糖含量四个指标之间关系，从而选出最佳工艺条件：氧压（0.3MPa）→温度（110～120℃）→时间（1.5～2 小时）按照上述条件进行稳定试验的结果列表于下（见表 7、表 8）：

3. 高浓打浆

表 7　稳定试验结果

水平＼因子	A 氧压 MPa	B 温度℃	C 时间(时)	试验结果 得率%	卡伯值	白度 ZBD%	多戊糖%
1	1.5	90	1	84.17	2.98	64.80	18.39
2	1.5	100	1.5	87.90	2.30	67.60	18.06
3	1.5	110	2	88.80	2.26	67.80	17.62
4	2.5	90	1.5	88.35	2.53	65.75	18.38
5	2.5	100	2	87.78	2.29	69.00	17.75
6	2.5	110	1	89.21	2.74	66.85	17.00
7	3.5	90	2	85.36	2.70	66.05	17.59
8	3.5	100	1	85.69	2.84	66.55	16.53
9	3.5	110	1.5	86.90	2.26	69.97	15.71

表 8　氧碱漂白稳定试验结果分析对照

指标 结果 浆种	纤维素%	α-纤维素%	多戊糖%	木素%	灰分%	白度%	老化72小时后白度	聚合度 DF	卡伯值	漂白浆白度% EBD	得率
传统燎草浆	71.39	67.67	15.76	4.61	13.76	55.7	54.8	925	6.35	75	16-20
氧碱稻草浆	85.62	69.20	15.21	2.45	15.34	70.14	68.1	805	2.10	82	25-27

宣纸另一特色，就是如刘海粟大师赞誉的要“白如云，柔如绵”脆性不能大，采取高浓粘状打将，是降低纸张脆性的一种方法，传统法采用碓臼和石碾碾磨，浆浓在22%左右。打浆度一般在38～40° SR，燎草浆需8小时，氧碱浆只需2小时，可见，氧碱浆易于打浆。我们曾用西北轻工学院研制的塑料盘磨打浆，效果也很好，主要是纤维尽可能不切断。并使之细纤维化。

4. 补漂

蒸煮浆在氧漂后白度仅维持在65%到70%之间，要满足宣纸浆72%～75%白度的要求，则需通过补充漂白来解决。试验中采用有效氯浓度为1.52%的次氯酸钙漂液，浆浓为5%，pH调至11～12，漂白终点控制pH不低于 8，时间 1.5～3 小时，常温下操作，白度可达 78～80% ZBD，漂白效果以漂率 5% 为最佳。

5. 手工抄纸

将达到白度要求的氧碱浆，按纸张品种不同（净皮或棉料）配以青檀皮浆，搅拌调匀经净化处理后，用竹廉进行手工抄捞，纸贴风干数月后，分张在烘墙上焙干，揭下经过检测栽剪，盖上商标记号、品种、厂名，按 100 张一刀（约 2.4 千克），入库保存。

（二）以稻草（收割后已储存 3～4 个月的陈草）为原料直接制取宣纸燎草浆

尽管按上述工艺采用草胚为原料也能制备燎草浆，但却存在下列问题：1. 草胚制备需要水浸，石灰淹渍，从农民手中收购，往往质量无法保证，有的掺假混斤，偷工减料，蒸煮时浆的质量受影响；2. 草胚价格要比稻草贵 2～3 倍；3. 草胚收购后储存困难，石灰灰尘大，切断不易均一，树枝杂物多，难于清理备料；4. 灰尘污染严重，漂白废水存在有机氯化物污染，环境得不到治理，影响当地居民的身体健康；5. 难收购、难管理。所以从保证质量第一，从提高经济效益，治理环境污染的角度出发，宣纸厂家提出了能否以稻草为原料直接制浆并实行无氯漂白的建议和要求。因为宣纸在唐宋以来就已出现，明清盛之，试想在鸦片战争前，氯碱工业尚未引入我国时，宣纸漂白决非像现在这样采用次氯酸盐漂白，而是全靠天然氧漂。显然，若能在制浆工艺中割去氯漂则宣纸更能体现其传统特色，环境将不会受到氯化物污染。

随着科学技术的发展，环境保护的重要，高效清洁制浆漂白已提到议事日程，无氯漂白已成为世界各国制浆工业努力实现的目标。为此，课题组根据厂家提出的要求，花了一年多时间，对以稻草为原料，实行无氯漂白，直接制取燎草浆。试验取得了成功。现将研制结果按工艺过程分述如下：

1. 予水解

传统法的第一道工序是水泡，即将除去穗叶的稻草按 37.5 千克一捆，埋浸在溪、沟和休闲的水田通过流水浸泡一月余，实际是对原料的冷水抽提，抽提物包含单宁、色素，以及部份多糖类物质，如果胶、淀粉、多乳糖等。由于抽提物成分差异很大，对单个成份的定量分离分析尚有困难，只有根据多戊糖水解的情况来判断水抽提的程度，经过对传统燎草制备的几个阶段分析，多戊糖含量的变化，呈一定递减趋势，稻草为 22%，水浸后为 20.7%，草胚 18.71%，青草 16.41%，燎草只有 15.76%，足见稻草通过处理（予水解或碱性水解），可以除去部分半纤维素，从而使得木素——纤维素多聚物矩阵的孔隙率增高，使纸浆更具有较好的机械性质，裂断长和撕裂因子有所增加，打浆时间缩短，柔软度增加，纸页响声减弱，我们在进行用予水解和未经予水解的草片进行制浆试验比较，从抄成宣纸的手感上其区分就十分明显：未经予水解的纸既光又滑，纸面有发光的亮点，经过予水解的纸面无亮点，响声也很低，而这正是宣纸所需的性质。所以比照传统工艺过程，我们首先对原料（稻草）进行予水解试验，其主要目的，除通过热水抽提除去色素，单宁腊质和多聚糖外，还在于除去部份半纤维素组分，多保留纤维素，从而增加纸的柔软度，消除纸页脆性和响声。予水解试验：装料量 30 克（稻草草片）液比 1:20，温度；分别采用 100、120、140℃，时间分别为 1、1.5、2、3 小时，求得得率和多式糖含量的关系。（见图 2）由图可见草片未水解多

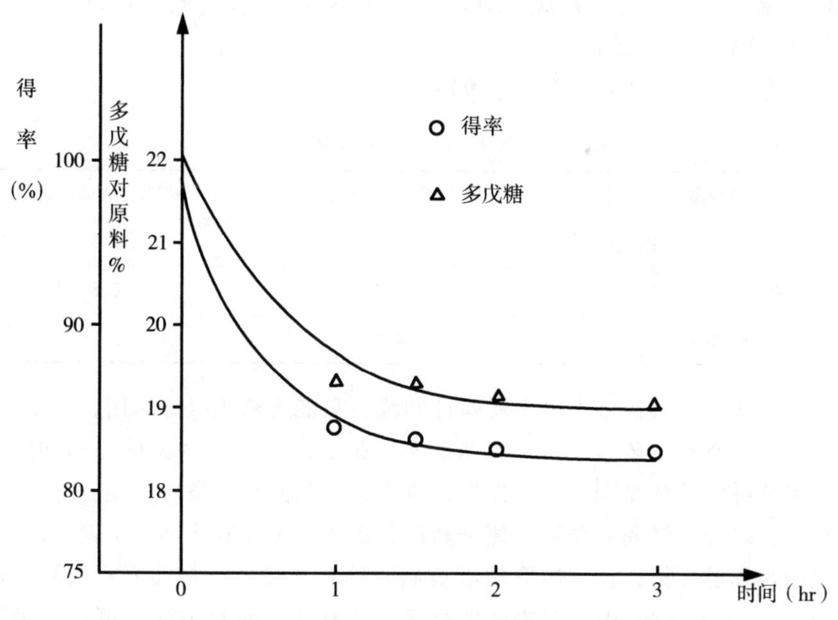

图 2　稻草予水解得率、多戊糖与水解时间的关系

戊糖含量为22.08%。在120℃下予水解2.5小时，多戊糖量降至19.11%，草片得率在水解2.5小时后稳定在83%（对未水解草片量）左右。

2.（石灰+NaOH）蒸煮

石灰蒸煮，传统工艺上，称谓浆灰。主要是将水浸过的草在石灰乳溶液中浸渍后，晒干而成草胚，在浆中形成$CaCO_3$沉淀或微粒，吸附在纤维上后，有利于纸张吸墨，墨色呈晕状化开，且增加纸的柔软度，但$CaCO_3$含量又不宜过多，否则墨色发灰。那么，施多少石灰才合适呢？为此，曾用不同品种等重的宣纸纸样在575℃下测定其灰分含量，再在900℃下煅烧后，测定其白色结晶状$CaCO_3$含量，与不同石灰用量蒸煮所制得纸张所含$CaCO_3$量比较，结果发现，用25%（对草料）石灰量配制成的石灰乳溶液所制得的纸（棉料），与传统棉料纸张$CaCO_3$含量十分接近，2.23%与2.27%，经画家试笔，润墨性能甚佳，且无发灰现象，因而石灰用量选择控制在25%（对草片）上下是可行的。传统法往往由于人工操作，器具简陋、流失太多，需耗石灰（对草片）达40%以上。（石灰：以有效CaO含量在70%以上为最好）。

现将试验结果列表于下（表9）：

表9　对比试验结果

宣纸试样	575℃灰分含量%	900℃ $CaCO_3$ 含量
净皮(30%草 70%皮)	4.68	1.44
棉料(70%草 30%皮)	5.31	2.37
试验纸(棉料)	4.06	2.23

大家知道，石灰蒸煮属于弱碱性制浆，只能起软化组织作用，并不能脱去木素，但有利于色素、腊质、脂肪类，果胶质和部分多聚糖分解和脱除。为了保证纤维不致受到过多的损坏，宜采取缓和的蒸煮条件，先脱除部分半纤维素，增加纤维间空隙度，便于药液的渗入，逐步脱除其中木素，减少后续漂白过程的负担，借鉴制取黄纸板制浆的工艺条件，在加入石灰乳同时，另加4%~5%的NaOH，制成硬度合适的半料浆。浆料中纤维可以疏散开，且纤维表面，乃至次生壁吸附有一定量的$CaCO_3$微粒，本阶段蒸煮的工艺

条件是：液比 1∶8，石灰用量 25%（有效 CaO 含量为 70%），NaOH 用量 4%～5%，升温至 145℃，保温 1.5 小时，粗浆得率 73.43%，卡伯值 52.3。

3. 碱（Na_2CO_3）蒸煮

石灰和低碱量蒸煮过的半料浆，经洗涤甩干后，加入热溶的 Na_2CO_3 溶液，取液比 1∶7 进行碱蒸煮，是本制浆工艺中的主要脱木素阶段。参照稻草浆蒸煮通常采用的工艺条件，运用 Lg（$^4_3$）正交表进行了正交试验（表 10），取 Na_2CO_3（以 NaOH 计）用量，保温时间，温度为三个因子，以得率，卡伯值为指标，分成三水平，按试验分析结果作出纸浆得率，卡伯值与三因子的关系图，找出试验中最佳的工艺条件：即用碱量 12%，温度 150℃，保温时间 60 分由该工艺条件得到的，纸浆得率 77.32%、卡伯值 8.6，浆片白度为 52.3% SBD 黏度为 1385.8 毫升/克。

表 10　正交试验结果

因子 / 水平	Na_2CO_3 量（NaOH 计）%	保温时间（分）	温度（℃）	残碱（g/升）	得率（%）	卡伯值（K. NO）
1	8	30	140	0.88	81.07	12.4
2	8	60	150	0.94	79.02	9.9
3	8	90	160	0.75	76.93	8.8
4	10	30	150	1.07	79.15	9.9
5	10	60	160	0.81	77.41	7.7
6	10	90	140	1.00	80.71	10.2
7	12	30	160	1.13	74.91	8.3
8	12	60	140	1.13	76.07	9.3
9	12	90	150	1.13	75.67	7.5

4. OP 漂白

根据宣纸燎草浆传统工艺主要是天然氧漂的机理，本工艺对残留木素的脱除，选用近代以来正在推行的氧脱木素技术，证明是成功的，也是符合宣纸成浆机理的。

氧脱木素是利用分子氧的强氧化剂作用并在碱性介质中对纸浆中木素进行氧化降解而溶出的过程。近几年来，关于氧脱木素反应机理和技术条件，国内外已有很多的报道和应用厂家，如添加 Mg^{++} 盐抑制纤维素半纤维素降解，氧压和用碱量对氧脱木素的影响，反应温度和时间，对木素脱除量的影响等等，均有过系统和详尽的研究，致于运用到宣纸制浆上来，本课题组从 1982 年开始就从小试、中试进行过比较系统的应用研究，并得到较好的效果。

通过草胚制浆氧漂试验的结果，发现氧漂浆很难超过 70% SBD，因而需要补漂或强化氧脱木素的作用方可达到所需白度的要求。在草胚为原料试验中，曾介绍了采用次氯酸盐补漂的办法，如今要选择无氯漂白的路线，根据宣纸白度要求，只需 72% 以上（SBD）。我们在试验中选择采取了添加 H_2O_2 的强化措施，命名为 OP 法即氧脱木素时，同时添加 H_2O_2 以达到同时强化作用。实践证明 OP 强化方式比 O/P 要好，纤维素少受损伤，在选用工艺设备和操作程序上也简化了许多，在生产中更为实用。

试验中，参考有关氧漂和 H_2O_2 漂白的资料，对草浆，首先确定氧压为 0.4MPa，$MgCo_3$ 加入量为 1%，浆浓取 12%，H_2O_2 稳定剂 Na_2Sio_3 用量取 1.5%，$MgSo_4$ 用量 0.1% 情况下，分别找出用碱量，温度，H_2O_2 用量不同与纸浆白度得率和黏度的关系。从而选择最佳的工艺条件：

（1）用碱量不同

试验条件：绝干浆 30g，H_2O_2 用量 3%，浆浓 12%，Na_2Sio_3 1.5%。

$MgCO_3$ 1%、$Mg2So_4$ 0.1%，氧压 0.4MPa 最高温度 110℃（在 60℃ 时保温 30 分，升温至 110℃，保温 1.5 小时）。用碱量一般在 2% ~5%，本试验选用 4.5% 木素脱除率 40% ~50%。

结果如下见（表 11、图 3）：

表 11　用碱量试验结果

用碱量	得率(%)	白度(%)	黏度(毫升/克)
3.5	91.36	64.60	1210.50
4.5	89.89	72.30	1190.50
5.5	89.03	72.50	1101.40

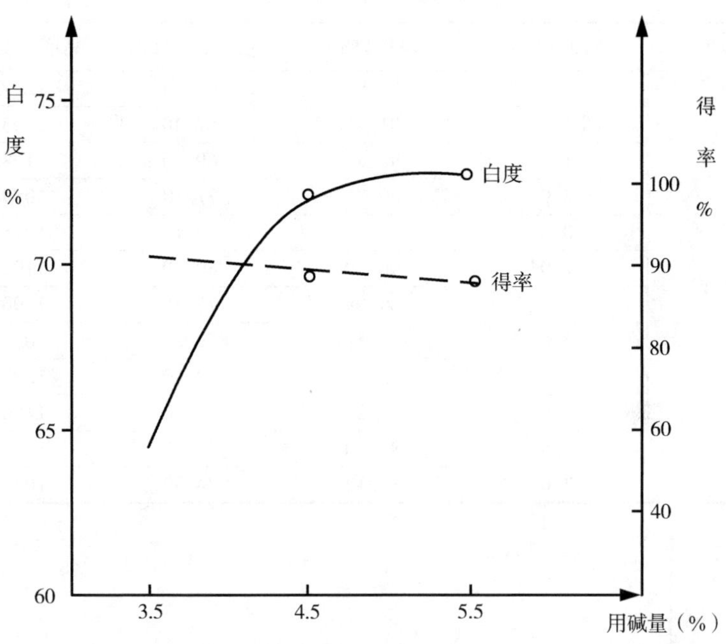

图3　用碱量对OP漂白的影响

（2）温度不同

试验条件：绝干浆30%用碱量4.5%，H_2O_2 用量3%浆浓12%、$Na_2Sio_3$1.5，$MgCO_3$1% $MgSO_4$0.1% O_2 压0.4MPa温度对OP漂白浆影响见表12图6。温度升高110℃以上，黏度反而下降（见图4）。

由图中分析，得出最佳工艺条件，白度在72.3% SBD时，黏度为1190.0ml/g，保温时间1.5小时，温度在110℃左右。

（3）H_2O_2 用量不同（见表13）图7

试验条件：绝干浆30g，用碱量4.5%，浆浓12%。

Na_2Sio_3　1.5%　$MgCO_3$1%　$MgSO_4$ 0.1%

O_2 压0.4Mpa，最高温度110℃（60℃下保温30分）保温1.5小时

H_2O_2 用量%不同与得率，白度的关系见表12、图7。

由表13，图7可见 H_2O_2 用量3%情况下，白度可达72.30%，已满足宣

表 12　温度试验结果

温度℃	时间(hr)	得率(%)	白度(%)SBD	黏度(毫升/克)
100℃	0.5	92.95	66.70	1227.80
	1.0	91.96	67.40	1203.50
	1.5	90.92	69.70	1198.40
	2.0	89.71	71.70	1089.40
110℃	0.5	92.62	69.10	1215.20
	1.0	90.90	69.70	1192.30
	1.5	89.89	72.30	1190.90
	2.0	87.59	72.80	1054.60
120℃	0.5	92.27	69.30	1207.20
	1.0	89.25	71.20	1180.00
	1.5	88.90	73.20	1127.00
	2.0	87.12	74.30	1032.40

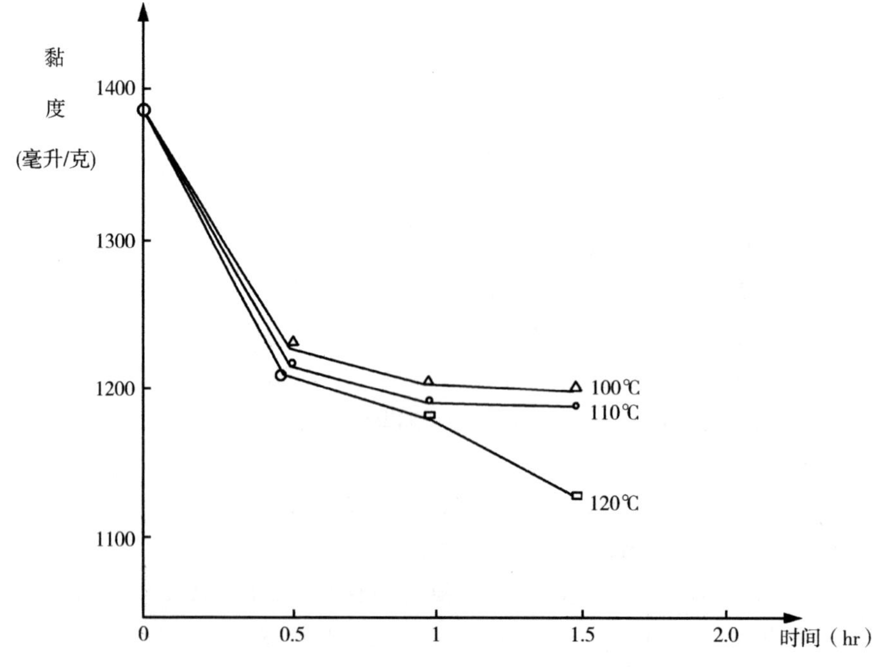

图 4　温度和时间对漂白浆粘度的影响

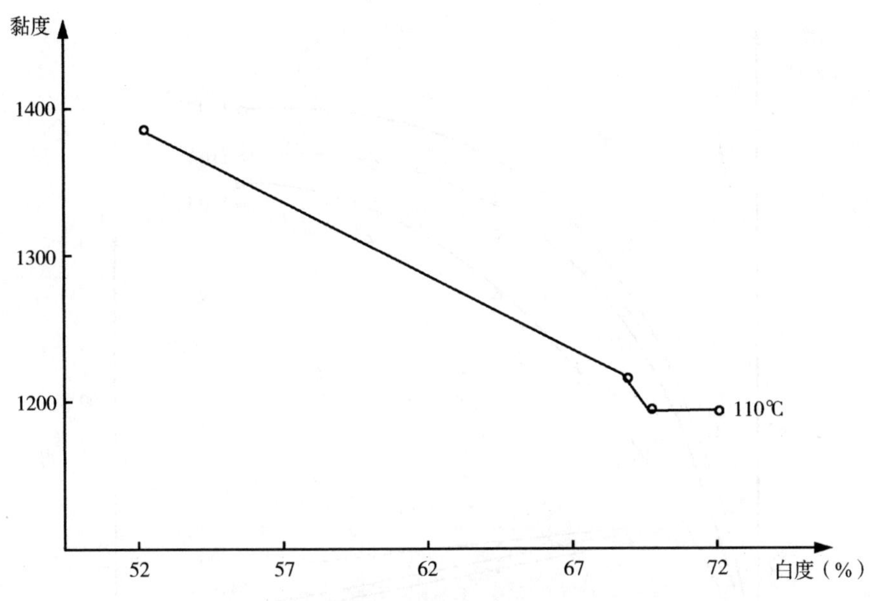

图 5　漂白浆粘度与白度相互关系（110℃）

表 13　H_2O_2 试验结果

H_2O_2	得率(%)	白度(%)SBD
0	94.63	64.80
1.5	93.85	69.50
2.5	93.07	70.50
3.0	89.89	72.30
3.5	89.61	72.60

纸白度要求且得率为 89.89%，但从图 5 所示，白度增高，其黏度反呈下降趋势，对宣纸影响不大。

从图 4 可见保温在 110℃为宜，高于 110℃以上，其黏度下降趋势明显，对宣纸强度不利，从图 6 中反映出在保温时间为 1.5 小时情况下，以 110℃为限，白度可达 72%以上，得率亦可达 90%左右。

根据上述试验，结果分析确定 OP 段最佳工艺条件为

浆　浓　　　12%，属于中浓条件

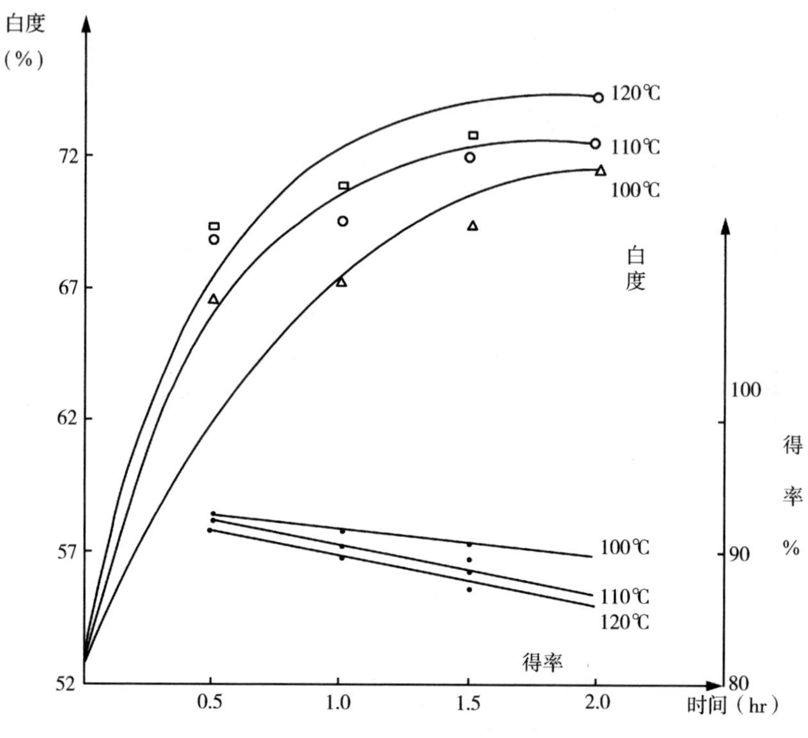

图 6　温度对 OP 漂白的影响

氧　压　　0.4MPa
用碱量　　4.5%（NaOH）
$MgCO_3$　　1%
H_2O_2 量　　3%
Na_2SiO_3　　1.5%
$NgSO_4$　　0.1%
温度：升温至 60℃时保温为 30 分钟
最高温度采用 110℃ ±5℃，保温时间 1.5 小时，按上述条件，试验结果：
纸浆（漂白浆）得率为 89.89%
白度 72.3SBD
黏度 1190.9 毫升/克

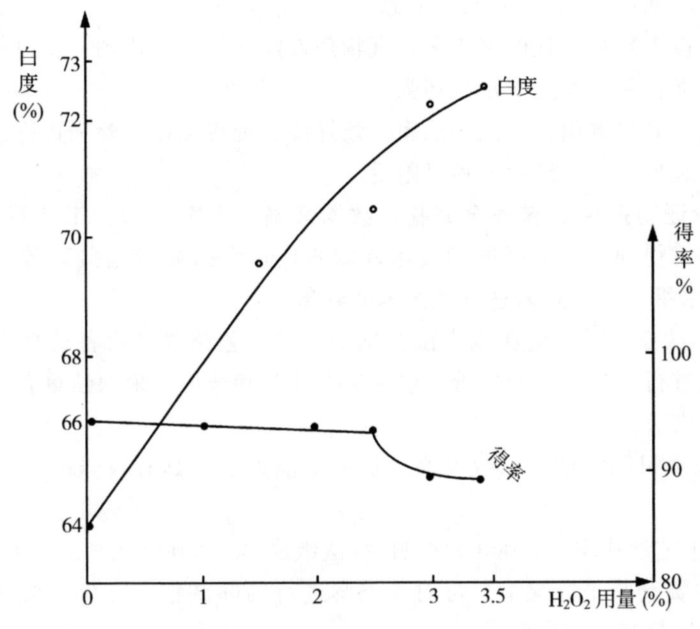

图 7 H_2O_2 用量对 OP 漂白的影响

以稻草为原料，经过上述四步处理，形成一条宣纸草浆制备新的工艺路线，工艺流程予水解→石灰蒸煮→碱脱木素→OP 段漂白，总得率为 83% × 73.43% ×77.32% ×89.89% =42.36%（实验室数据）全部过程可实现机械化乃至半自动化操作。

5. 最后：打浆、抄纸

根据上述工艺条件，在电热釜中制取累积约 9 千克漂白浆，干度为 22%，送往泾县小岭宣纸厂，首先用石碾碾压成浆，控制打浆度在 38SR 度左右，洗涤后，按棉料，净皮品种要求以一定比例配以青檀韧皮纤维漂白浆，调匀后的混合浆，经过振动平筛→除砂器→旋翼筛→跳筛→，筛选净化除去杂质，砂粒和簿壁细胞直接送往抄纸车间，进行手工抄纸。抄纸过程与传统法相似。

抄制的纸张，送往省造纸检测站，测定其物理性能指标，比照检测标准（ZBY32013-88）来判断其质量指标，并请书画家试笔评比书画效果。

现将检测结果见 P_{66}表 15：省造纸检测站报告

综观以上数据，证明新工艺宣纸物理性能指标均已达到，在裂断长，撕裂度，耐老化等方面比老法纸还强。

在书画效果方面，受到书画家一致好评。现将工业试验项目论证中造纸专家和书画界人士论证意见抄录附后。

1. 论证会提供资料齐全完整，数据准确，方案可行，工艺路线先进、技术成熟，得到与会书画家和技术专家肯定。纸的质量是接近传统法宣纸（净皮）水平，能很好表达宣纸艺术的妙味。

2. 小试投产时，应在原中试基础上，对工艺路线和设备选型上结合新工艺路线进行适当调整和完善，设备填平补齐和选用应采取慎重态度，以符合生产要求。

3. 该项目回收期短、收益高，抗风险能力强，具有较强的经济效益和社会效益。

（新工艺纸成本：18060 元/吨传统法纸成本：28000 元/吨）

4. 在资金紧张情况下，可对该方案进行局部调整，可缓上檀皮制浆部分，以保证项目尽早实行。

5. 本工程是个好项目。与会同志一致希望各级有关部门予以大力支持，通力合作，争取尽快落实资金，以利早见成效。

（三）经济、社会、环境效益分析

1. 制造成本比较

本工艺经省计委批准，正式立项为 85 期间我省唯一的工业试验项目，经课题组与轻工设计院联合编制可行性研究报告中，曾就新工艺制浆和传统工艺的经济效益进行比较。（见表 16）由表可见：

（1）草浆制造成本，新工艺浆 10143.25 元/吨，传统工艺浆 16048 元/吨，新工艺浆比传统工艺浆每吨降低 5905.15 元，比传统工艺降低 36.8%。

（2）宣纸制造成本：新工艺纸 18938.8 元/吨，传统工艺纸 29634 元/吨，新工艺纸比传统工艺纸降低 10695.2 元，比传统工艺降低 36.1%。

传统法生产从草变成漂白浆约需半年到十个月时间，而新法制浆只需 2~3 天，生产周期缩短，加速了资金周转，提高了劳动生产率，且省去了大面积兴建石滩的投资。

2. 新法制浆大大解放了生产力，摆脱了手工制浆的繁重体力劳动，实行机械化生产路线，正式建厂后，可走集中制浆、分散抄纸的路子，从而带动山区多种经济的全面发展，保证了宣纸生产的可持续性。如果机械化抄纸研制成功，（据报导、浙江富阳已研制成功）则宣纸生产从制浆到造纸完全可能实现现代化生产。

3. 新法制浆无需建石滩，原有的石滩可毁滩造林，一方面可防止水土流失，同时可保护环境、恢复黄山地区的自然景观。加之新工艺采取氧脱木素和无氯漂白，流程中的中段废水可回收利用，大大减轻了制浆工业给环境带来的污染。

4. 书画家（安徽及北京书画院）对新法纸的评价：（附复印件）。

5. 本项目科技成果获奖情况：（国家及省科技进步奖，省发明协会银牌奖）复印件附后。

（四）结论

1. 新工艺在吸收宣纸传统生产经验和方法的基础上，运用现代制浆氧脱木素和无氯漂白的技术，结合宣纸特点，以草胚或稻草为原料，所制定的宣纸燎草浆工艺路线，是符合宣纸制浆原理的。试验证明，该工艺所取得的制浆得率，木素脱除率，白度，返黄值，纸质强度等几个主要指标，均达到或超过老法宣纸的标准。可实行连续机械化生产，生产周期从 10 个月左右缩短到 2～3 天，劳动生产率大大提高，资金周转加速，成本下降，经济效益和社会效益显著。

2. 通过小试、中试和工业性试验证明：新工艺所选择最佳工艺条件是可行的稳定的。在工程设计中，只需添置氧漂系统。其余部份可选用我国草浆生产中的成熟经验，便于推广应用。

3. 本工艺研究成果不仅可直接转化为生产力，（省计委已正式批准列入 1997 年工业性试验项目）且所采取的无氯漂白制浆工艺进入世界上许多国家正在推崇的全无氯（TCF）漂白系统的行列，对消除造纸行业的污染有一定的参考价值。

第二章　工业化生产性试验

一、工艺特点

本项目工艺是在传统法宣纸制浆原理基础上，运用现代制浆技术和氧漂 H_2O_2 补漂等与之相结合形成的一种具有抄造书画纸或宣纸的制浆工艺路线，主要分为予水解，石灰蒸煮，碱蒸煮及 OP 段漂白四大阶段。

予水解目的在于降低戊糖含量，减少半纤维素，增强柔软度和物理性质；石灰蒸煮，主要脱除部份果胶，脂类和色素，同时自然形成的 $CaCO_3$ 填料可大大的改善纸张的吸墨性和柔软度，延长纸的保存期；碱蒸煮主要是脱木素；OP 段主要是用 O_2 和 H_2O_2 强化来脱木素，这反映了是一种无氯漂白工艺，它更接近传统法宣纸制浆工艺（几百年前尚无无氯漂白工业），对防止环境污染有重要作用，世界上许多国家已强令推行无氯漂白工艺，减少多氯化物（二恶英）对人体致癌的危害。

采用上述工艺，试验中所试抄的纸，无论在物理指标上或书绘效果上，均不亚于传统法宣纸。

二、生产流程简述

根据上述工艺，确定了由设备组成的以下工艺流程：

将收购的经过除去稻穗，稻叶的长杆沙田稻草，称量后，经切草机切成 2～3 厘米草片通过双锥除尘，用刮板式输送机运往楼面，直接倾入 14 立方米球中，按 1∶4 液比加水，在一定温度下，保温 1.5 小时，倒入池中，泵经管道进脱水机落入草片挤压机榨干后送入 14 立方米石灰蒸煮球中，运用球盖假底滤水后加入石灰乳和少量 NaOH 或 Na_2CO_3，在所须温度下蒸煮 1.5 小时，放料入浆池，稀释后泵入 20 立方米洗漂机进行洗涤，洗到清水后落入浆池，再泵往侧压浓缩机增浓至7%左右，通过螺旋输送落入双螺旋挤压机中，将浆浓提高至22%～24%，落入碱蒸煮球（14立方米）中实行碱法蒸煮，大量脱除木素后的蒸煮浆倒入球下池中，将浆浓稀释至3%左右，泵送净化工段，经振框筛，沉沙盘后进入CX筛筛选，通过锥形除渣器除渣，跳筛跳去杂细胞后，经圆网浓缩机落入贮浆池，然后用泵将细浆送往氧漂工段三楼，用侧压浓缩和双螺旋挤浆机将浆浓提高到22%以上，落入二楼电子称计量，与浆一起投入所需的各种化学助剂及H_2O_2溶液在双辊混合器中混合均匀，落入氧漂球中，装球完毕后通入氧气至规定氧压（MPa），经升温保温处理后，放气降压，打开球盖，倒入池中，泵送磨浆工段用工程塑料双盘磨打浆至所需SR值，放入洗漂机洗净后送往配浆池，按不同品种浆料比例与皮浆混合再经过进一步筛选净化，通过跳筛落入贮浆池，由抄纸车间调节用量进行手工抄纸。

三、主要设备介绍

1. 本工艺所需各工段设备，在设计前均由研究、设计、厂家三个单位组成专门小组，分赴国内有关造纸机械厂进行现场考察选型，签订订货协议，然后购进的标准产品。

2. 非标设备

（1）氧漂球：是本工艺中关键压力容器，其中容量为2立方米的是轻工部在营口造纸厂的中试设备，协调调进的。

5立方米是在借鉴营口球图纸基础上，委托淮南石油化工机械厂设计制造的，目前运转正常。

（2）工程塑料双盘磨是由西北轻工学院转让，并由该校老师亲临现场指导试车。

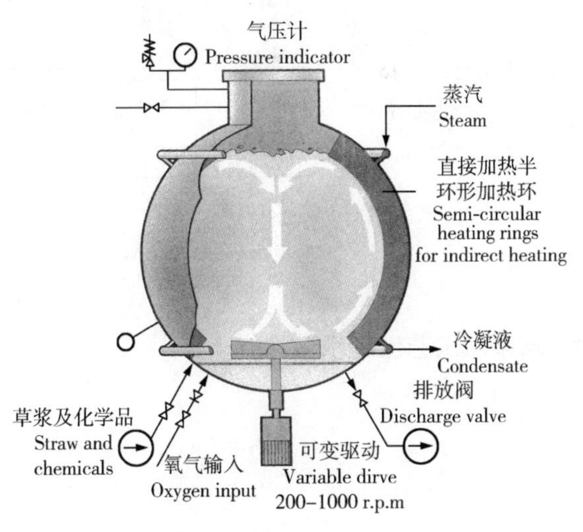

意大利伏吉尔厂NaCO法工艺中
NaCO法氧漂球示意图

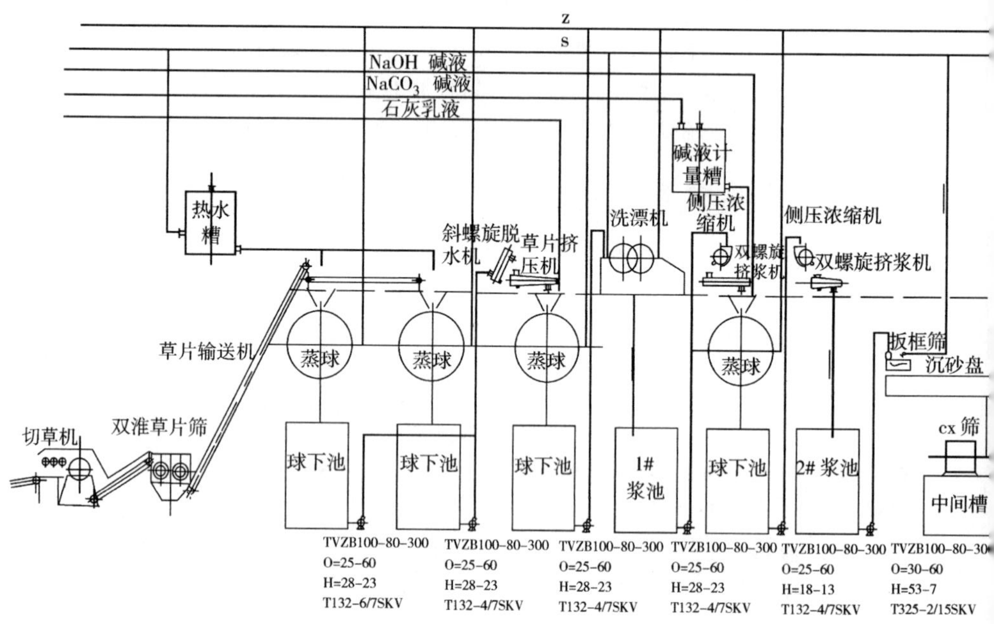

附　草浆新工艺流程示意图

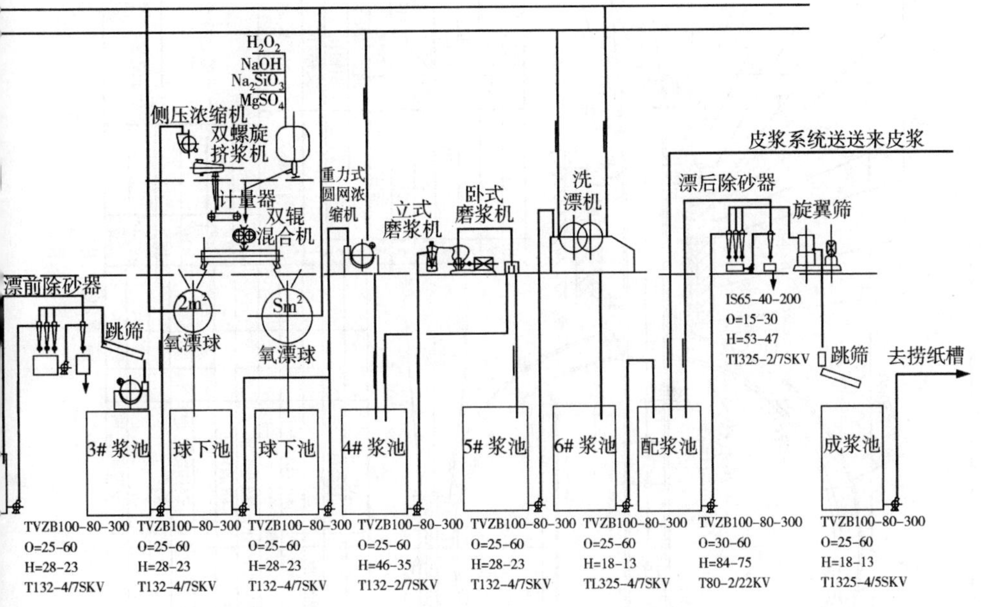

H_2O_2
NaOH
Na_2SiO_3
$MgSO_4$
侧压浓缩机
双螺旋挤浆机
计量器
双辊混合机
重力式圆网浓缩机
立式磨浆机
卧式磨浆机
洗漂机
皮浆系统送送来皮浆
漂后除砂器
旋翼筛
漂前除砂器
跳筛
$2m^2$
$5m^2$
氧漂球
氧漂球
IS65-40-200
O=15-30
H=53-47
TI325-2/7SKV
跳筛
去捞纸槽
3# 浆池
球下池
球下池
4# 浆池
5# 浆池
6# 浆池
配浆池
成浆池
TVZB100-80-300
O=25-60
H=28-23
T132-4/7SKV
TVZB100-80-300
O=25-60
H=28-23
T132-4/7SKV
TVZB100-80-300
O=25-60
H=28-23
T132-4/7SKV
TVZB100-80-300
O=25-60
H=46-35
T132-2/7SKV
TVZB100-80-300
O=25-60
H=28-23
T132-4/7SKV
TVZB100-80-300
O=25-60
H=18-13
TL325-4/7SKV
TVZB100-80-300
O=30-60
H=84-75
T80-2/22KV
TVZB100-80-300
O=25-60
H=18-13
T1325-4/5SKV

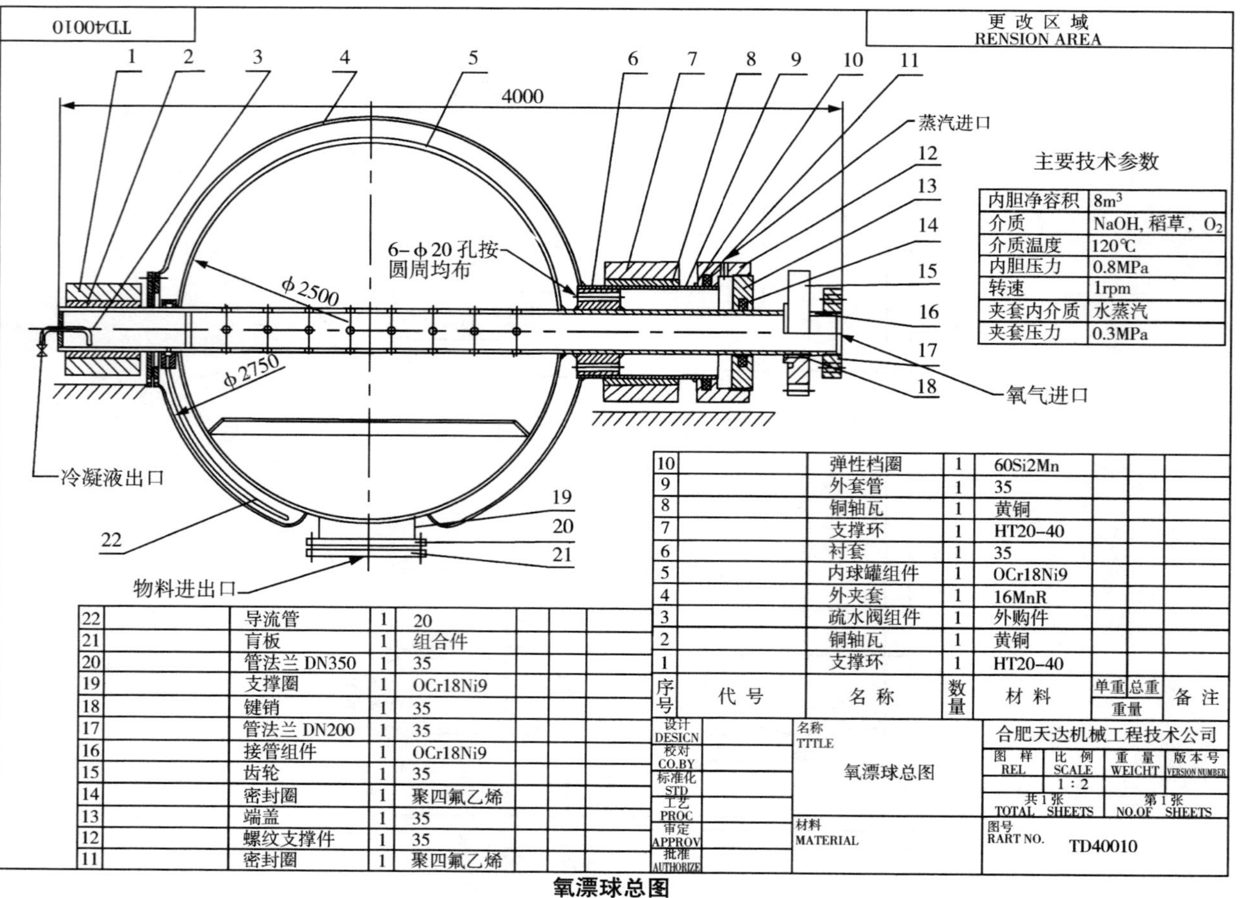

内胆净容积	$8m^3$
介质	NaOH, 稻草, O_2
介质温度	120℃
内胆压力	0.8MPa
转速	1rpm
夹套内介质	水蒸汽
夹套压力	0.3MPa

序号	代号	名称	数量	材料	单重	总重	备注
22		导流管	1	20			
21		盲板	1	组合件			
20		管法兰 DN350	1	35			
19		支撑圈	1	OCr18Ni9			
18		键销	1	35			
17		管法兰 DN200	1	35			
16		接管组件	1	OCr18Ni9			
15		齿轮	1	35			
14		密封圈	1	聚四氟乙烯			
13		端盖	1	35			
12		螺纹支撑件	1	35			
11		密封圈	1	聚四氟乙烯			
10		弹性挡圈	1	60Si2Mn			
9		外套管	1	35			
8		铜轴瓦	1	黄铜			
7		支撑环	1	HT20-40			
6		衬套	1	35			
5		内球罐组件	1	OCr18Ni9			
4		外夹套	1	16MnR			
3		疏水阀组件	1	外购件			
2		铜轴瓦	1	黄铜			
1		支撑环	1	HT20-40			

设计 DESIGN	名称 TTTLE	合肥天达机械工程技术公司			
校对 CO.BY	氧漂球总图	图样 REL	比例 SCALE	重量 WEIGHT	版本号 VERSION NUMBER
标准化 STD			1:2		
工艺 PROC		共1张 TOTAL SHEETS		第1张 NO.OF SHEETS	
审定 APPROV	材料 MATERIAL	图号 RART NO.	TD40010		
批准 AUTHORIZE					

氧漂球总图

（3）参照 NaCO 法中氧漂球结合我国草浆生产中蒸球结构特点设计的 8 立方米氧漂球。

四、工艺条件及技术参数

表 14

序号	因名子称	每球装球量绝干（千克）	药液用量（相对浆料%）	液比	汽压（MPa）	温度（℃）	时间 升温	时间 保温	得率%	卡伯值	残减（克/吨）	白度（SRD）%
1	水解	780		1:7	0.25-0.3	130	1	1.5	80			
2	石灰煮	850	CaO: 30 NaOH: 7	1:6	0.35	145	1	1.5	75	49-52		12-15
3	碱煮	1600	Na_2CO_3（以 7% NaOH 用量计）	1:5	0.5-0.55	150-155	1	1.5	70	8.5-9.5		41-43
4	氧漂	5 立方米 300 2 立方米 120	Na_2CO_3（以 7% NaOH 用量计） Na_2SO_3: 5% $MgCO_3$: 0.5% H_2O_2: 3%	浆浓 12%	氧压 0.35	60-80 105-110	1	2	90			73-74
5	打浆	电流 45A，流量 4-20T/日，浆浓 3%，末打浆前打浆度：26-27° 打浆后打浆度：29-30°										

注：1. 上述根据实验室数据，不包括机械损失在内总得率为 42.36%。

2. 根据生产车间数据包括各工段损失在内，总得率为 27.9%（其中：切草损失 5%，即得率 95%。予水解得率 80%，石灰蒸煮后 75%，侧压洗涤损失 10%，得率 9%，碱煮 70%，筛选净化损失 10%，得率为 90%，氧漂得率 90%，洗涤损失 4%，得率 96%，故经查定实际得率为 95% ×80% ×75% ×90% ×70% ×90% ×90% ×96% =27.9%

附 1　安徽省造纸检测站宣纸检测报告

表 15

<table>
<tr><td colspan="2" rowspan="2">指标名称</td><td rowspan="2">单位</td><td rowspan="2">标准规定</td><td colspan="2">草　　胚</td><td>稻草</td></tr>
<tr><td>次氯酸盐补漂宣纸品种:棉料</td><td>未经氯漂(OP)棉料</td><td>未经氯漂棉料</td></tr>
<tr><td colspan="2">紧度</td><td>g/cm³</td><td>0. 36 ±0. 04</td><td>0. 40</td><td>0. 40</td><td>0. 39</td></tr>
<tr><td colspan="2">白度</td><td>%</td><td>≥72</td><td>82</td><td>78. 9</td><td>72. 4</td></tr>
<tr><td colspan="2">撕裂度纵横平均</td><td>mm</td><td>≥245</td><td>294</td><td>289</td><td>346</td></tr>
<tr><td colspan="2">裂断长纵横平均</td><td>m</td><td>1600</td><td>3700</td><td>3730</td><td>3490</td></tr>
<tr><td colspan="2">湿强度</td><td>%</td><td>≥3. 5</td><td>4. 0</td><td>4. 3</td><td>4. 72</td></tr>
<tr><td colspan="2">耐老化白度下降</td><td>%</td><td>≤5</td><td></td><td></td><td>2. 2</td></tr>
<tr><td rowspan="2">吸水性</td><td>纵横平均</td><td>mm</td><td>12 − 25</td><td>12</td><td>12</td><td>12</td></tr>
<tr><td>纵横差</td><td>mm</td><td>≤3</td><td>3. 0</td><td>1. 6</td><td>1</td></tr>
<tr><td rowspan="2">伸缩性</td><td>受湿后平均伸长</td><td>%</td><td>≤0. 75</td><td>0. 29</td><td>0. 40</td><td>0. 62</td></tr>
<tr><td>干燥后平均收缩</td><td>%</td><td>≤1. 00</td><td>0. 60</td><td>0. 64</td><td>0. 52</td></tr>
<tr><td colspan="2">0. 5 − 2. 0mm² (黄)不多于</td><td>根/m²</td><td>≤100</td><td>52</td><td>48</td><td>36</td></tr>
<tr><td colspan="2">0. 3 − 1. 0mm² (黑)不多于</td><td>个/m²</td><td>≤32</td><td>10</td><td>6</td><td>0</td></tr>
<tr><td colspan="2">大于 1. 5mm² 黑</td><td>个/m²</td><td>不许有</td><td>0</td><td>0</td><td>0</td></tr>
<tr><td colspan="2">双浆团</td><td>个/m²</td><td>0</td><td>0</td><td>0</td><td>0</td></tr>
<tr><td colspan="2">交货水分</td><td>%</td><td>10</td><td></td><td></td><td></td></tr>
<tr><td colspan="2">定量</td><td>g/m²</td><td></td><td></td><td></td><td></td></tr>
</table>

附 2　传统工艺和新工艺单位产品成本比较表

表 16

单位：元

序号	成本项目	规格	单位	单价	草浆制造成本				宣纸制造成本			
					传统工艺		新工艺		传统工艺		新工艺	
					消耗定额	金额	消耗定额	金额	消耗定额	金额	消耗定额	金额
1	原材料	风干草	t									
1.1	稻草		t	200			3.36	672			168	336
1.2	燎草		t	2400	48	11520			2.35	5640		
1.3	石灰		t	200			0.63	126			0.315	63
1.4	烧碱		t	2800			0.126	362.8	0.6	168	0.386	1080.8
1.5	纯碱		t	1600			0.973	1556.8			0.4865	778.4
1.6	双氧水		t	2700			0.16	432			0.08	216
1.7	碳酸镁		t	3500			0.0178	62.3			0.0089	31.15
1.8	硅酸镁		t	700			0.05	35			0.025	17.5
1.9	硫酸镁		t	1450			0.003	4.35			0.0015	2.18
1.10	氧气		瓶	15			15	225			7.5	112.5
1.11	次氯酸钙		t	420	2.2	924			3	1260		
1.12	青檀皮		t	3500					2.5	8750	2	7000
1.13	化学胶		t	1400					0.07	98		
1.14	PAM 漂液		t	1200							0.045	54
2	燃料动力					1120		3560		3903		3237.43
3	工资及福利费					1550.4		1504		6954		4592
4	制造费					934		1613		1349		1417.84
	合计					16048.4		10143.25		29634		18938.8

注：按 1996 年市场商品价格计算（元/吨）

附3 现代工艺车间设备（照片）图集

新工艺设备图集（一）

切草机——皮带输送草料入球

草片挤压（单螺旋）脱水机

草浆蒸煮球

电子秤——混合器

石灰蒸煮后侧压机浓缩

石灰蒸煮浆洗涤

新工艺设备图集（二）

氧漂球（1）

氧漂球（2）

氧漂浆洗涤机

沉砂盘

侧压浓缩——双辊挤浆机

塑料双盘磨

碱煮草浆园网浓缩

附4　运用现代科技　加速宣纸传统工业改造

(1999年发表于安徽科协主编的《世纪之交的安徽科技进步与学科发展》)

一、宣纸技术进步的发展史和现状

宣纸是我国文房四宝之一。宣纸对中国书画起到独特的润墨作用，它在中国造纸史上占有特殊的地位。正如郭沫若给宣纸厂留下的墨宝中写道："宣纸是中国劳动人民所发明的艺术创造，中国的书法和绘画离了它，便无从表达艺术的妙味。"高度评价了其艺术价值和商品价值。宣纸的产地在我省皖南泾县，是安徽的一大骄傲。作为传统产品，堪与北京的景泰蓝、贵州的茅台酒媲美。

据许多纸史专家考证，从东汉蔡伦发明造纸术至今，具有1800余年悠久历史的传统手工纸业，从晚清至今，几乎被淘汰殆尽，只有宣纸作为充分表达我国书画的一种专用纸而保留至今。

宣纸名称的由来，说法不一，有说是泾县原属古宣州因地而得名，有说是明朝宣德年间宣纸列为"素馨宫笺"因年号而得名。比较统一的观点是将宣纸公为"古宣""今宣"。所谓"古宣"是指在清代以前用楮树（即构树）为原料的皮纸，后来发展为皖南地区所盛产的徽纸、池州纸。沧桑变迁，到了清代，在皮纸发展欣欣向荣的盛况下，纸工中能工巧匠们总结了徽纸、池纸的经验，又以榆科的青檀树皮（*Pteroceltis tatarinowii* Maxim）代替构树（楮树）皮，并配以精制的漂白草浆而生产出一种与众不同的纸，后人则称谓正统宣纸。用这两种原料（稻草和表檀树皮）所制的纸，一直沿用至今，其主要产地则在泾县。产品以薄、轻、韧、细、白独树一帜，令人爱不释手，且在中国书画视觉效果上，能墨分五色（焦、浓、淡、枯、湿），墨浓不滞，墨淡不薄，扩散均匀，层次清晰，耐老化，返黄值低，柔软耐久，易于保存。这些特色又非其他纸类所能代替，故以国宝盛名。据考证，如今泾县小岭等地正是这种正统宣纸的发源地，所造的纸曾于1915年在巴拿马万国博览会上获得金奖。

到了清朝，我国手工纸业经过了由鼎盛到衰落的过程。大约在17世纪后期到18世纪前期，即所谓"康乾盛世"时代，社会生产力一度发展较快，文教事业取得较大进步，尤其是印刷业和图书出版业盛况空前，如“明史”康熙字典的出版，直到乾隆大修《四库全书》，都在相当大的程度上促进了手工纸的发展。鸦片战争失败后，由于清政府日趋腐朽，丧权辱国，致使洋货洋纸接踵而来，迫使手工纸市场日渐衰落；同时，西方先进的机器造纸技术相继传入中国，在当时“洋务运动”的影响下，我国也开始有了机器造纸工业，在这新旧交替的历史转折点，手工纸业也就销声匿迹了。惟独宣纸却依然我行我素，在市场上仍占有一席之地，是宣纸特殊的功能和工艺秘诀鲜为人知的缘故。因而，从清代到民国，直到当今，正统宣纸生产的一套工艺技术作为纸工们的谋生手段，甚至以“传男不传女”的方式被保留下来，成为以手工劳动为主的一种行业。在这上下几百年时间内，宣纸技艺在局部技术工艺上也有过不少改良。从总体上看，虽然没有跳出宋朝宋应星所著《天工开物》杀青篇内所介绍的竹纸制造中所谓“斩竹漂塘，煮煌足火（蒸煮），日光漂晒，荡料入帘（捞币），覆帘压纸（压榨），透火焙干（烘纸）”的框框，但由于西方商品的渗入，国内外机器造纸业的扩张，对宣纸工艺技术的改造也产生过积极的影响。如光绪十九年（1893年），泾县小岭曹庭杜曾奉命赴日本考察，见日本“和纸”生产均用洋碱（纯碱或烧碱）蒸煮原料，采用漂白粉漂白。回国后经他的倡导也都改变了过去用桐碱（油桐籽的灰，主要成分是 KOH）为蒸煮药物的方法，并开始用漂白粉（次氯酸钙）漂白，来提高燎草浆料的白度，这项改革一直沿用至今。

新中国建立后，宣纸工艺改革更是层出不穷，吸收了机器制浆造纸业中许多有益的技术和设备，使流程中某些工艺开始实行半机械化生产。例如，改石碓、水碓捣浆为石碾高浓磨浆，改布袋捣洗为转鼓洗漂，人工拣料改用筛选、净化设备，实行浆泵输送等，大大提高了宣纸生产的科技水平，改进了浆料的质量，提高了劳动生产率。这说明现今的宣纸业已不是抱着老祖宗一成不变的旧产业，而是正沿着改革之路，不断进取的新型产业，这在一定程度上为全面推进传统工艺改革提供了条件，奠定了基础。

二、宣纸工艺改革是现代化建设的必然

20 世纪 80 年代初，我省科委对宣纸工艺改造给予了极大的关注，先后确立了宣纸燎草制浆新工艺和宣纸机械化抄纸两大“七五”重点攻关课题，安徽农业大学主持草浆新工艺课题研究任务。为了对宣纸生产进行全面系统的了解，摸清课题研究的突破口，课题组将实验仪器设备全部迁往小岭西山车间，利用生产第一线原材料供应和抄纸方便的条件，与生产工人师傅们工作、生活在一起，研究人员以甘当学生的态度，串门走户，调查咨询，边总结、边试验。半年多下来，对宣纸的生产过程、操作程序以及宣纸生产的历史、市场状况有了较深入的了解；再通过实验室探索性试验，制订出研究方案，使研究工作得以顺利进行。

在较深入地了解传统法草浆制备工艺过程的基础上，将它归纳为草胚制造、青草制备、燎草、漂白成浆四个阶段，进而分析其作用机理，并对各阶段进行了实地考察、走访和咨询。考察过程中我们看到，年上半百的老工人肩挑一二百斤的草料，一步步爬上石滩的陡坡；在烈日炎炎的夏季，人们驮着两三百斤的燎草，迈着蹒跚的步伐一步步地拐下山的情景；严冬腊月抄纸工两三点起床，在槽屋寒冷彻骨的浆水里，凭着双手抄捞一张张纸页；夏季室温高达 38～39℃，在焙屋内贴近 80℃的火墙烘焙每张纸页；有的女工蒙首盖面俯伏在尘土飞扬、窒人鼻息的草屋内用竹条鞭打着每捆燎草。我们震撼了，想不到做一张宣纸要付出如此艰辛的劳动。有道是：文人墨客，画龙走蛇，一举盛名揽天下；宣纸工人，汗滴溪流，一生辛苦有谁怜，据说1963 年陈毅副总理参观宣纸厂发现捣料工人患有耳聋职业病时，心情沉重地当场下指示要厂领导关心工人疾苦，做好预防工作，回京还叫张茜设法专门订制了 5 付防震耳塞，委托国务院办公室寄来，这段亲切感人的故事至今仍在纸厂流传着。由此可见，宣纸这种落后的生产方式必须从根本上进行改革。有位省科委领导来厂视察时，面对着当时的厂长、书记和研究人员，指着鞭干草的女工说：“这个活，最好你们当厂长的也来干几天，尝尝滋味，就会感到宣纸工艺改革的必要了。”因为当时确实有人不赞成这项改革，他们说：“这样搞成机械化了，不是把工人的饭碗给砸了吗?”“宣纸几百年了，老祖宗留下的宝，从来没人动过，要改新法，这不是东边的太阳西边出嘛!”有人劝他到试验的地方看一看，他竟说：“我不看，本来我就不赞成这样搞，叫我去了说什么?”一位青年工人回答得好：“有这种想法的人，就同我们山区修公路时，埋怨汽车通了，自家里的小板车往哪搁一样，眼光短浅，思想没解放嘛！”宣纸工艺改革确实还有一定的阻力。实际上，传统工艺除了劳动强度大的弊端外，还有很多问题，生产周期长，要把一根稻草变成燎草几乎要在山上呆上 10 个月，甚至一年时间，做燎草要兴石滩，1 平方米只晒 1 千克草，要很大面积的山地毁林兴滩，消耗大量人力物力，水土难以保持，破坏自然景观；碱法常压蒸煮，大量黑液无法集中治理，含有大量多氯化物（致癌物质）的漂白废水流经沿途村庄，给人民身体健康带来极大危害。显然，在造纸业要求实行高清洁生产的今天，这种劳动生产率低下，劳动方式落后、无法实现持续发展的产业，已经到了非改革不可的时候了。

在小岭，随着科普知识的宣传和讲解，加上试验工作本身的进展，当科研人员拿出洁白如玉的纸浆，抄出了新法纸张时，支持关心的人越来越多了，特别是一批回乡知青。不久，厂方又派来几名知青参加试验工作，试验工作进展也加快了，终于在 1983 年通过小试鉴定，于 1986 年又通过中试鉴定。

三、宣纸工艺改革与科技进步

（一）从宣纸机理上认识、总结工艺改革

我国是个草类繁多的大国，拥有丰富的制浆造纸经验和先进的技术，只要把宣纸制浆的要点融合到流程中去，完全有可能实现工业机械化生产。安徽农业大学等单位的研究人员在对宣纸制浆造纸机理有了更深的认识的基础上，通过科学实践对宣纸工艺改造做了几点总结：

（1）宣纸制浆属于碱法制浆的范围，稻草浆蒸煮可在低碱、低温、时间短的条件下进行，残留木素的脱除则有赖于采用漂白的方法来完成。

（2）Ca^{2+} 离子的存在是宣纸保存期久、吸墨性好的必要条件。

（3）氧漂是宣纸制浆脱除残留木素的关键，也是宣纸制浆的一大特点。

（4）青檀皮纤维是宣纸书画效果润墨性好和层次分明的一大要素。

依据上述要点，分别进行了以草胚为原料，通过碱蒸煮，再经氧碱漂白，辅以次氯酸盐补漂，制成了新工艺燎草浆，于 1983 和 1986 年由省科委主持通过了造纸专家和书画家们的鉴定。生产上实现了机械化操作。新法宣纸经检验达到了传统宣纸的物理性能指标的标准，在书画效果上也受到书画界知名人士的一致好评。生产周期由 10 个月缩短至两天，且免去了石滩铺晒、人挑背驮等一系列繁重体力劳动，受到了工人的欢迎，形成了较好的经济、社会效益。该项目于 1987 年、1988 年分别获得省科技进步二等奖和国家级科技进步三等奖。

（二）各级主管部门重视，实行厂校结合、合作攻关、走产学研之路，促进科技进步

新制浆工艺在中试过程中取得了成功，理应很快将成果转化为生产力，但当时的小岭厂通过中试已是囊中羞涩，缺少自我消化能力，处于十分困难的境况；再加上 1989 年后期宣纸市场一度疲软，新工艺成果只好束之高阁，待机而行。到了 1993 年，党的十四大召开，强调发展市场经济，宣纸市场开始活跃。一时间，泾县一些小型纸厂如雨后春笋，蜂拥而上，产量达到了 1000 多吨，随之而来的是燎草需求量上升，甚至出现供不应求、燎草大战的局面。无序的竞争影响了企业效益。小岭人清醒地看到燎草作为宣纸大宗原料在宣纸生产中的重要地位，如何找到一个保证宣纸草浆可持续发展的路子成了当务之急。小岭厂的领导集体在小平理论的指导下，在李鹏总理的政府工作报告中指出“要依靠科技，对传统工业进行技术改造”精神的启迪下，决定再次启动厂校组织已经搞了六七年的新工艺科技成果，走科技兴企的路子，决心牵住宣纸草浆制备这个牛鼻子，全面推进宣纸工艺的改革。厂方再次委托安徽农业大学进行研制，并提出两点建议：一是改草胚为稻草，一步成浆；二是改次氯酸盐漂白为无氯漂白，恢复宣纸传统特色，减轻环境污染。在厂方提供少量科研启动资金，无偿保证原材料供应，派学员工人参加协作的条件下，从 1995 年开始，很快投入以稻草为原料制取燎草浆的工艺研究。经过将近一年光景的试制，反复听取宣纸工人意见，经过几次专家论证，该项工艺终于取得了成功，专家们为工艺成熟、技术可靠，切实可行，建议早日上马，将成果转化为生产力。

有了好的项目，没有上级主管部门的支持，没有资金的筹措投入，科技成果的转化还是“无米之炊”。厂方通过县和地区计委向省计委递交了“宣纸草浆新工艺工业性试验”项目申请书，旨在争取贷款扶持，经核实和现场调查，项目很快被批准立项，并指定省轻工设计院会同研究部门，编制可行性研究报告。可行性研究报告几经论证核准后，资金的问题因多方面原因难以落实。县委领导和宣纸集团领导在听取厂方汇报后，十分重视，书记和

总裁为此多次专程来小岭厂听取汇报，共同商讨，最终集团总裁表示，“这在宣纸史上还是第一次，是科技兴企的一件好事”。当即表示“从宣纸股票上市的融资款项中按设计要求，拿出几百万元支持，今后拟以控股方式和小岭厂合资经营”。并说“即使项目不成功，权当缴学费，充实宣纸知识经济也是十分值得的”。两位领导表态给同志们以极大鼓舞。省计委也于1996年12月12日以（96）944号文正式对可行性研究报告作了批复，省轻工设计院负责设计。1997年开始，厂方专门配备人员成立技改班子。一年内完成了工程设计和工艺设计，对小试成果进行了扩大性试验，分赴山东、四川等地挑选了设备，完成了非标设备的加工任务；基建工程于11月份正式破土动工，1998年6月主楼车间完工，8月9日开始安装设备，收购草料，12月中旬开始设备试运转，月底开始试车；到1999年3月（其中有个春节）试车结束，按照工艺条件操作试车取得了圆满成功，拿出了新工艺草浆，并抄制成纸，经省造纸检测站测评均能满足宣纸物理指标的要求，画家书法家也表示满意。至此，历时12年的宣纸燎草浆新工艺研究可以说基本划上一个句号。1999年5月18日，宣城地区计委受省计委委托，在泾县召开了该项目的鉴定验收会，对提供的资料、报告进行了审查，并参观了现场。鉴定委员会认为，项目有以下创新：运用现代化制浆工艺替代传统工艺，使宣纸草浆制备实现了机械化生产，缩短了生产周期（由10个月缩至24小时），提高了劳动生产率；采用无氯漂白，消除了氯污染，恢复了历史上宣纸从不用氯漂的传统特色；可以实现集中制浆，分散抄纸，便于集中治污。总体认为该新工艺工业性试验项目是成功的，完成了省计委下达的任务要求，属国内首创，技术水平国内领先。这既客观评价了该项目研究成果，也证实了主管部门重视、设计、安装、研究部门与厂方通力协作，实行产学研结合，是推动该项目按期完成的保证。

四、借燎草浆工艺改革的东风，全面推进宣纸工艺的改革

宣纸燎草浆新工艺的研制成功，仅仅是宣纸工艺改革的第一战役，要想使宣纸生产达到高科技、高清洁的生产水平，还要做很多工作，近期内到21世纪初应完成下列几项任务：

1. 青檀皮无氯漂白机械化制浆工程

青檀皮制浆属长纤维制浆，可借鉴桑皮、构皮制浆技术实行机械化生产，使之和草浆工程配套（称之姐妹工程），因此也要探索走氧漂的路子。过去实验室阶段，已经取得了初步结果。

2. 黑液和中段废水治理工程

因宣纸生产规模远远小于其他纸类，采取碱回收方法不可行，只有走综合治理的路子。近年来在黑液治理方面，已有许多可行的成果，只要下决心治理，是有办法解决的。中段废水治理，技术成熟，环保部门完全有办法解决。

3. 机械化抄纸工程

80 年代已由省科委立项进行研制，并专门为此成立了宣纸二厂。1987 年该项目曾进行了试车，制造出长卷宣纸，在北京人民大会堂进行了鉴定。后来，由于浆源不足，纸机本身存在一些技术问题，再加上资金上的困难，一直没有开起车来。省级造纸专家们对此十分关注，建议各级主管部门认真组织一次论证，下决心予以会诊，制订出改造方案，使它起死回生。宣纸集团领导也有此设想，一旦时机成熟就准备组织力量，再打一个翻身仗。

4. 林纸结合

为了宣纸事业可持续发展，需要重视青檀皮资源的培育，可以走“林纸结合”的道路，就地就近解决宣纸制浆长纤维浆种供应的问题，作为工业经济林认真地在皖南地区发展开来；同时，对增加当地农民的收益、改善当地水源涵养和环境治理发挥十分重要的作用。

已经有草浆工程的示范，如果继续发挥愚公移山的精神，做好一个结合（林纸结合），完成三大工程（皮浆工程、环保工程、机械化抄纸工程），那么宣纸生产将会在现在基础上更上一层楼，不仅在名气上誉满全球，而且在造纸的工艺技术水平上也要成为世界造纸行业之林中的佼佼者；同时，泾县山城也将成为一个山清水秀、人和自然和谐共处的百里佳境。中国人民是有志气的，先辈们发明了宣纸，到了我们这一代，不仅要继承，还要有创新，让我们在祖先的业绩上谱写出更加宏伟壮丽的乐章来吧！

第三章　皖南泾县宣纸生产的现状与展望

2006年，泾县县长张平同志在泾县宣纸协会发行的《中国宣纸》创刊号上，发表了题为《传承宣纸文化，做强宣纸产业》的文章，在该文中他指出："泾县宣纸的发展经历了三个鼎盛时期：第一次为清康乾时期，纸坊生产遍及皖南名地，泾县共有纸棚40余家，纸槽100余帘，并诞生了'白鹿'、'鸡球'等老字号品牌。第二次为民国10年至抗战前夕，宣纸生产遍及泾县小岭九岭十三坑，人民共识宣纸业，共有纸棚44家，纸槽156帘，年产宣纸达700余吨，并出口行销日本及东南亚各国。第三次为1978年，国家实行"对内搞活，对外开放"政策，泾县宣纸得以迅速发展，生产企业遍及全县十几个乡镇，产品扩展到150余种，相继恢复一批祖传名牌产品。"改革开放以来，宣纸产业取得了长足发展，形成了宣纸、书画纸一批产业集群，生产企业达220多家，其中获使用宣纸原产地域保护产品专用标准的企业14家，年产宣纸近千吨，书画纸达5千吨，年销售收入达两亿元左右，实现利税总额1500多万元，获自营出口权企业5家，出口创汇近500万美元，从业人员已达15000人，1992年以"安徽省泾县宣纸厂"为核心成立了安徽中国宣纸集团公司，1996年成功上市，并成为省级农业产业化龙头企业，2004年，又通过企业改制，资产重组，内部经营机制的加强与改革，宣纸集团以年产500吨宣纸规模遥领宣纸企业之首，成为全国乃至当今世界最大的宣纸生产基地。1979到1984和1989年"红星牌"宣纸连续三届注册商标荣获中国驰名商标称号，蝉联国家质量金奖，与此同时"汪六吉"、"汪同和"，曹氏牌宣纸亦注册为安徽省著名商标，"红旗牌"、"金星牌"、"三星牌"宣纸先后荣获省部优产品称号，宣纸事业的兴起，使泾县荣获中国农学会授予的"中国宣纸之乡"的称号。从而得到各级领导的关注和厚爱，原党和国家领导人陈毅，方毅，乔石，万里，彭冲，李瑞环等均先后来泾县视察中国宣纸集团公司，2001 年 5 月江泽民同志来视察宣纸后欣然题写了“传承优秀文化，弘扬中华文明”，安徽省委郭金龙书记还明确提出“宣纸产业要以做大做强为发展目标。”一批现代书画大师如刘海栗，吴作人，黄胄，李可染，赖少其，启功，赴朴初，韩美林等，均留下墨宝丹青，表达对宣纸的情有独钟。安徽省科委、省发改委也十分重视宣纸技术革新和工艺研究，先后组织高校科研部门来泾县商谈协作研究事项，各方的热情关注和支持，有利于泾县宣纸的发扬光大，各方群策群力，推动了宣纸事业的发展。为此，泾县于 2005 年 11 月成立了泾县宣纸协会，选出了 58 名理事，这对于带动和促进宣纸事业的健康有序发展将会起到积极作用。

泾县是闻名于世的“宣纸之乡”，自小岭曹氏始祖曹大山奠定宣纸基业，宣纸的生产历史已逾千年，对此明、清两代编纂的，《泾县志》及小岭《曹氏宗谱》均有明确记载。《泾县志》记载：“宣纸为皮料是最佳者，产于安徽省泾县，泾县之宣纸业在小岭村，制此者多曹氏。世守其秘，不轻授人”。曹氏牌宣纸是沿袭祖传工艺，采用青檀和燎草为原料，凭借当地独有的山水资源，手工精制而成，具有“墨分五彩，纸寿千年”之特色，是高档字画、装裱、碑拓、经典文献、档案、谱笺的最佳用纸。曹氏宣纸历史悠久，堪称艺术瑰宝，驰名中外。1993 年北京国际中国书画博览会上曾获金奖，国内外许多著名书画家都给予高度评价，启功、沈鹏先生都题写了“宣纸世家”予以鼓励，生产的珍品宣纸更受书画家的青睐，产品行销国内各省市，并出口日本、韩国、西欧等国。

中国宣纸源于曹氏，曹氏宣纸，安徽省泾县紫金楼宣纸厂常年生产棉料、净皮、特净、黄料、玉版等几大类宣纸，规格从三尺到丈八，薄至扎花，厚至四层夹，有白鹿、罗纹、龟纹、极品宣等特殊品种；加工制品有册页、信笺、纸扇、印谱、瓦当对联及各类熟宣和各色洒金、洒银宣，共约三百多种。

为了遵循省委省政府提出的要把宣纸事业做大做强的指示精神，泾县政府制订出“拓兴宣纸、宣笔产业行动计划”，明确提出到 2008 年宣纸产量由现在的年产 1000 吨发展到 2000 吨，实现销售收入 1.3 亿元，书画纸产量由年产 4000 吨发展到 8000 吨，实现销售收入 1.6 亿元。计划在五年之内从原料基地建设到培育龙头企业，建立品牌战略，拓展营销市场，挖掘传统技艺，创研新工艺新品种等方面加强宣传力度，制订出具体措施。张平县长同时指出：加快宣纸产业的发展，必须在落实科学发展观基础上，走保护环境和开发并重之路，形成“集中制浆，统一治污，分户造纸”的生产格局，这与省科委提出的“集中制浆，分散抄纸的指导意见是完全一致的，通过资本技术对接形式，招商引资，按照现代制浆工艺路线兴建一个皮草集中制浆，分散抄纸，确保治污排放的年产 1000 到 2000 千吨规模的宣纸企业良好发展，从而保证泾县宣纸产业行动计划的圆满实现。从科技含量上、产品优化上、经营效益上，全面推动泾县宣纸产业的顺利运转，为造就第四次宣纸发展鼎盛期的到来，尽职尽力，这也是历史赋予我们的光荣使命。在此，也希望得到一切关心和对宣纸有爱心的人们的亲切关注。

参考文献

[1] 周乃空.（宣纸原料——稻草的制浆方法）. 造纸工业（第一期），1958

[2] 陈彭年.（关于宣纸问题）. 造纸工业（第二期），1959

[3] 曹光锐. 关于氧碱制浆. 吉林造纸通讯（第二期），1975

[4] 天津轻工学院化工系造纸教研室　制浆造纸技术讲座（P333）. 中国轻工业版社，1980

[5] Tappi. C. Selawy · Jahnc · Wuiame 《碱性是纸张耐久性的关键》第五期，1981

[6] 天津轻工学院等校合编　制浆造纸工艺学（P140）. 中国轻工业出版社，1981

[7] 隆言泉等：稻草和落叶松的纤维分离点　中国造纸（第三期），1982

[8] 西北轻工学院编. 稻麦草制浆，中国轻工出版社

[9] Tappi. 60NO6P109 ~ 111 关于稻草氧碱制浆，1977

[10] 天津轻工学院等校合编：制浆造纸工艺学（P410），1980

[11] 广东轻工学校编：制浆造纸工艺及设备（P359）. 中国轻工业出版社，1982

[12] 木材化学《芬兰》埃罗 · 斯那斯特勒姆著 P171-172　南京林业大学王佩卿、丁振森译. 中国林业出版社

[13] 陈嘉翔. 漂白新技术高效清洁制浆（P123，P124，P144，P148，P191）. 中国轻工业出版社，1996